UG NX 中文版钣金设计从入门到精通

胡仁喜 刘昌丽 等编著

机械工业出版社

本书涵盖了 UG NX 中钣金应用模块的主要功能,介绍了钣金设计所涉及的主要命令。

本书内容按照由浅入深、前后呼应的方式进行编排,首先对 UG NX 钣金设计进行了概述,接着对 UG NX 钣金基础(包括 UG NX 钣金界面、钣金首选项和突出块特征)进行了介绍,然后依次对钣金设计中的弯曲、冲孔、剪切、成形、拐角、转换、展平和 UG NX 高级钣金命令进行了讲解,最后通过一个消毒柜的实例,讲述了综合运用各命令创建钣金零件和进行组件装配的步骤和方法。

本书能够使读者了解并掌握 UG NX 钣金设计的理念和技巧,迅速提高钣金设计技能。为了使读者能够更快、更熟练地掌握 UG NX 钣金设计技术,为其以后的工程设计带来更多的便利,本书在介绍特征命令的同时均配以实例进行说明,并且在多数章中都辅以综合实例来讲解特征命令的应用。

本书随书配送的网盘资料中包含了全书实例源文件和实例操作过程动画教学文件,可以帮助读者更加形象直观地学习本书。

本书可作为 UG NX 钣金设计初、中级用户的教材或自学参考书,也可以作为钣金设计人员的 UG NX 软件操作使用手册。

图书在版编目(CIP)数据

UG NX 中文版钣金设计从入门到精通 / 胡仁喜等编著. — 北京:机械工业出版社,2022.9

ISBN 978-7-111-71325-8

Ⅰ. ①U… Ⅱ. ①胡… Ⅲ. ①计算机辅助设计—应用软件 Ⅳ.TP391.72

中国版本图书馆CIP数据核字(2022)第139057号

机械工业出版社(北京市百万庄大街 22 号 邮政编码 100037)

策划编辑:曲彩云   责任编辑:王 珑
责任校对:刘秀华   责任印制:任维东
北京中兴印刷有限公司印刷
2023 年 1 月第 1 版第 1 次印刷
184mm×260mm・21.5 印张・532 千字
标准书号:ISBN 978-7-111-71325-8
定价:79.00 元

电话服务   网络服务
客服电话:010-88361066   机 工 官 网:www.cmpbook.com
          010-88379833   机 工 官 博:weibo.com/cmp1952
          010-68326294   金 书 网:www.golden-book.com
封底无防伪标均为盗版   机工教育服务网:www.cmpedu.com

前　言

钣金是一种加工厚度一致的金属薄板的工艺，具有劳动生产率和材料利用率高等优点，在汽车、航空、航天、机械设备和消费品等行业有着广泛应用。

鉴于钣金件具有广泛的用途，UG NX 中文版设置了钣金设计模块，专门用于钣金件的设计，它可以使钣金零件的设计非常快捷，制造及装配效率得以显著提高。UG NX 钣金设计模块基于实体和特征的方法来定义钣金零件，采用特征造型技术，可以建立一个既反映钣金零件特点，又能满足 CAD/CAM 系统要求的钣金零件模型。此外，该模块除了可以提供具有钣金零件完整信息的模型，还可以较好地解决现有的一些几何造型设计存在的问题。

本书分为 11 章，第 1 章为 UG NX 钣金设计概述，第 2 章介绍了 UG NX 钣金基础，第 3 章介绍了弯边特征、轮廓弯边、放样弯边、二次折弯、折弯、折边弯边以及桥接折弯特征的创建，第 4 章介绍了冲压开孔、凹坑、百叶窗、筋、实体冲压以及加固板特征的创建，第 5 章介绍了法向开孔以及折弯拔锥特征的创建，第 6 章介绍了伸直和重新折弯特征的创建，第 7 章介绍了封闭拐角、倒角以及三折弯角特征的创建，第 8 章介绍了裂口以及转换为钣金向导特征的创建，第 9 章介绍了展平实体、展平图样和导出展平图样特征的创建，第 10 章介绍了高级弯边以及钣金成形特征的创建，第 11 章介绍了消毒柜各个零件的创建以及装配。

本书能够使读者了解并掌握 UG NX 钣金设计的理念和技巧，迅速提高钣金设计技能。为了使读者能够更快、更熟练地掌握 UG NX 钣金设计技术，为其以后的工程设计带来更多的便利，本书在介绍特征命令的同时均配以实例进行说明，并且在多数章中都辅以综合实例来讲解特征命令的应用。

本书随书配送的网盘资料中包含了全书实例源文件和实例操作过程动画教学文件，可以帮助读者更加形象直观地学习本书，读者可以登录百度网盘（地址：https://pan.baidu.com/s/1pMLK4qv，密码：bzea）下载本书网盘资料。

本书主要由河北交通职业技术学院的胡仁喜博士和石家庄三维书屋文化传播有限公司的刘昌丽高级工程师主要编写，其中胡仁喜执笔编写了第 1~8 章，刘昌丽执笔编写了第 9~11 章。由于编者水平有限，书中难免有错误或疏漏之处，希望广大读者登录网站 www.sjzswsw.com 或致函 win760520@126.com 批评指正，也可以加入 QQ 群（811016724）参加交流讨论。

编　者

目　录

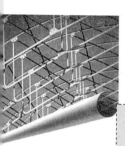

第1章

UG NX 钣金设计概述

本章将简单介绍 UG NX 钣金设计的基础知识，包括钣金设计概述和 UG NX 钣金零件设计流程等内容。通过学习本章内容，读者可对 UG NX 钣金设计有初步的了解。

重点与难点

- 钣金设计概述
- UG NX 钣金设计
- UG NX 钣金零件设计流程

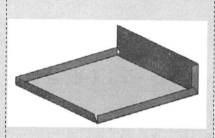

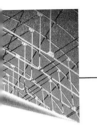
1.1 钣金设计概述

钣金在工业界一直扮演着非常重要的角色，不论是家用电器、汽车工业，还是电子产品等行业都大量使用钣金零件。

简单地说，钣金就是将二维的厚度均匀的金属薄板通过剪板机、折床和冲床等加工成为立体形状，然后用点焊机或利用螺钉、铆钉将其组合起来生成的成品。

常见的钣金加工的定义有以下几种表述形式：

钣金加工指利用金属的可塑性，将薄金属板做成各种形状零件的加工。

钣金加工是将在常温时材质柔软且延展性大的钢板、铜板、铝板以及铝合金板等材料利用各种钣金加工机械和工具，施以各种加工方法制造出各种各样零件的加工。

钣金零件是钣金设计的主体部分，通常可分为平板类零件、弯曲类零件和曲面成形类零件等。

运用钣金成形加工法则来设计产品有以下特点：

1）成形加工容易，且有利于复杂成形品的加工。

2）产品有薄壁中空特征，所以重量轻且坚固。

3）零件组装便利。

4）成本价格低，适合少样多量的生产。

5）成形品表面光滑美观，表面处理与后处理容易。

近年来，金属塑性成形产业基于降低生产成本、减轻产品重量、简化零件设计与制造及提升产品附加价值等目的，积极发展高精度零件制造技术，一些国家已有非常成熟的冲压与冷锻工艺技术。通过对金属的塑性流动进行精确控制，不仅可提升产品尺寸精度，更可在零件的不同部位将材料大幅度变形，从而获得不同厚度尺寸的复杂形状制品。

随着 CAD 技术的出现，设计人员可以在计算机上生成钣金件的多视图，随时可以将钣金件展开为平面模式，或折弯回去。这使得在设计过程中不再充满繁杂的平面线段，呈现的是形象的立体成品。

1.2 UG NX 钣金设计

将 UG NX 2011 软件应用到钣金零件的设计制造中，可以使钣金零件的设计非常快捷，制造装配效率得以显著提高。UG 钣金设计模块基于实体和特征的方法来定义钣金零件。UG NX 钣金设计的功能是通过 UG NX 钣金设计模块来实现的。UG NX 钣金设计模块采用特征造型技术，可以建立一个既反映钣金零件特点又能满足 CAD/CAM 系统要求的钣金零件模型。它除了提供钣金零件的完整信息模型外，还可以较好地解决现有的一些几何造型设计存在的问题。

如图 1-1 所示为利用 UG NX 钣金模块设计的钣金零件。

UG NX 钣金设计模块的特点如下：

1）可高效地实现钣金弯边、桥接、冲压和裁剪，创建孔、槽等特征。

2）可指定明确的特征属性和标准检查。

3）可实现动态的钣金模型状态。

4）具有多层平面展开的生成、注释和更新功能。

5）具有通过自定义特征编辑和修整钣金零件的功能。

6）可平面展开钣金零件。

7）具有显示钣金弯边设计的次序和成形表面信息的功能。

8）可同时使用建模和钣金特征进行钣金设计。

图 1-1 利用 UG NX 钣金模块
设计的钣金零件

1.3 UG NX 钣金零件流程

UG NX 设计钣金零件一般按照以下流程进行：

1）设置钣金首选项的参数值。

2）绘制基本特征的形状草图，或者选择已有的草图或曲线。

3）创建基本特征（常用突出块特征）。

创建钣金零件的典型工作流程首先是创建基本特征（基本特征是要创建的第一个特征，可以用来定义零件的形状）。在 UG NX 钣金设计中，基本特征常使用突出块特征来创建，也可以使用轮廓弯边和放样弯边来创建基本特征。

4）添加如弯边、二次折弯或折弯等特征，进一步定义已经成形的钣金零件的形状。

在创建了基本特征之后，可使用折弯子菜单中的命令（如弯边、二次折弯、折弯、折边、桥接折弯等）来完成钣金零件。

5）根据需要使用伸直命令伸直折弯面，然后在钣金零件上添加孔、法向开孔、实体冲压、筋和百叶窗等特征。

6）重新折弯伸直的折弯面，接着继续完成钣金零件的所有设计。

7）生成钣金零件的展平图样。

展平图样在时间次序表中总是放在最后。将展平图样放在最后，每当有新特征添加到父特征上，在进行展平图样处理时会自动更新并包含新特征。创建钣金零件的展平图样特征，可用于制图和今后的加工制造。

第2章

UG NX 钣金基础

　　本章主要介绍了 UG NX 钣金界面、钣金首选项和突出块特征，并通过一个综合实例介绍了钣金设计的操作步骤。

重点与难点
- ■ UG NX 钣金界面
- ■ 钣金首选项
- ■ 突出块特征

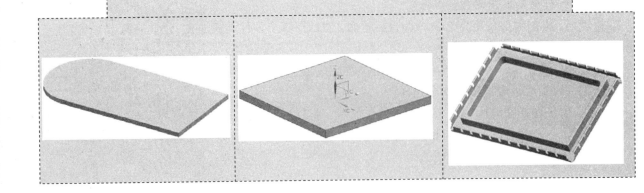

2.1 UG NX 钣金界面

2.1.1 进入 UG NX 钣金界面

进入 UG NX 钣金界面有两种方法：

方法一：选择"菜单(M)"→"文件(F)"→"新建(N)…"，或者单击"主页"选项卡"标准"面板中的"新建"按钮 ，打开如图 2-1 所示的"新建"对话框，在"模型"选项卡中选择"NX 钣金"模板，输入新的文件名，指定文件路径，单击"确定"按钮，进入 UG NX 钣金设计环境，如图 2-2 所示。

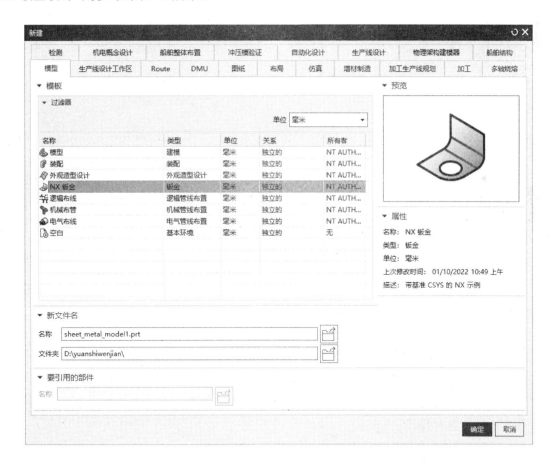

图 2-1 "新建"对话框

方法二：在其他设计环境中，单击"应用模块"选项卡"设计"面板上的"钣金"按钮 ，切换到 UG NX 钣金设计环境，如图 2-2 所示。

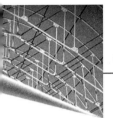

2.1.2 UG NX 钣金界面介绍

UG NX 2011 钣金界面倾向于 Windows 10 风格，功能强大，设计友好。在创建一个部件文件后，进入 UG NX 2011 钣金设计环境，如图 2-2 所示。

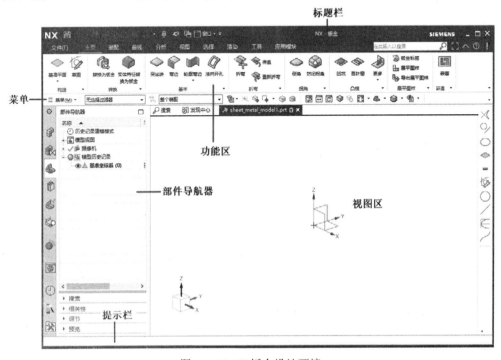

图 2-2 UG NX 钣金设计环境

（1）标题栏：用于显示所使用的应用模块。

（2）菜单：用于显示 UG NX 钣金设计各功能菜单。UG NX 钣金设计的所有功能几乎都能在菜单上找到。

（3）功能区：用于显示 UG NX 钣金设计的功能。

（4）绘图区：用于显示模型及相关对象。

（5）提示栏：用于显示下一操作步骤的提示。

（6）部件导航器：用于显示建模的先后顺序和父子关系，可以直接在相应的条目上右击，快速地进行各种操作。

2.2 钣金首选项

钣金应用提供了材料厚度、折弯半径和折弯让位槽等默认属性设置。也可以根据需要更改这些设置。在钣金设计环境中，选择"菜单(M)"→"首选项(P)"→"钣金(H)..."命令，打开如图 2-3 所示的"钣金首选项"对话框，在其中可以改变钣金的默认设置项，默认设置项包括"部件属性""展平图样处理""展平图样显示""钣金验证""标注配置""榫接"和"突出块曲线"7 项。

图 2-3 "钣金首选项"对话框

2.2.1 部件属性

1. 参数输入

用于确定钣金折弯的定义方式。

（1）数值输入：选择此选项后，可在"折弯定义方法"中输入钣金折弯参数。

（2）材料选择：选择此选项，将激活"选择材料"按钮。单击此按钮，弹出如图 2-4 所示的"选择材料"对话框，在其中可选择一种材料来定义钣金折弯参数。

（3）刀具 ID 选择：通过材料表文件中定义的工具表指定全局参数。

2. 全局参数

（1）材料厚度：钣金零件默认厚度。可以在图 2-3 所示的对话框中设置材料厚度。

（2）折弯半径：折弯默认半径(基于折弯时发生断裂的最小极限来定义)，在图 2-3 所示的对话框中可以根据所选材料的类型来更改折弯半径的设置。

（3）让位槽深度和让位槽宽度：从折弯边开始计算折弯止裂口延伸的距离称为让位槽深度（D），跨度称为让位槽宽度（W）。可以在图 2-3 所示的对话框中设置让位槽宽度和让位槽深度，其含义如图 2-5 所示。

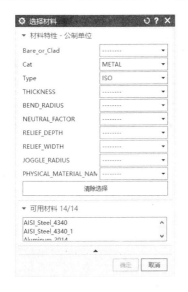

图 2-4 "选择材料"对话框

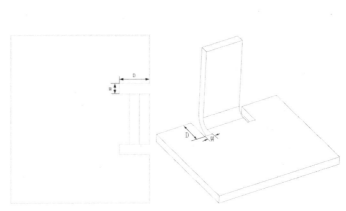

图 2-5 让位槽参数含义

3．折弯定义方法

（1）中性因子值：选择此选项，将采用中性因子定义折弯方法，可以在文本框中输入数值来定义折弯的中性因子。

（2）公式：选择此选项，将使用半径公式来确定折弯参数。

（3）折弯表：选择此选项，将在创建钣金折弯时使用折弯表来定义折弯参数。

2.2.2 展平图样处理

在图 2-3 所示的对话框中，选择"展平图样处理"选项卡，可以设置展平图样处理的各参数，如图 2-6 所示。

（1）处理选项：可以设置在展平图样处理时是否对内拐角和外拐角进行倒角和倒圆。可以在后面的文本框中输入倒角的边长或倒圆半径。

（2）展平图样简化：可以将 B 样条曲线（对圆柱表面或者折弯线上具有开孔特征的钣金零件进行平面展开时生成 B 样条曲线）转化为简单直线和圆弧。可以在如图 2-6 所示的对话框中定义"最小圆弧"和"偏差公差"值。

（3）移除系统生成的折弯止裂口：当创建没有止裂口的封闭拐角时，系统在 8-D 模型上生成一个非常小的折弯止裂口。该复选框可控制在展平图样处理时，是否移除系统生成的折弯止裂口。

（4）在展平图样中保持孔为圆形：勾选此复选框，在展平图样处理时保持折弯曲面上的孔为圆形。

图 2-6 "展平图样处理"选项卡

2.2.3 展平图样显示

在图 2-3 所示的对话框中，选择"展平图样显示"选项卡，可以设置平面展开图显示参数（包括各种曲线的显示颜色、线型、线宽和标注），如图 2-7 所示。

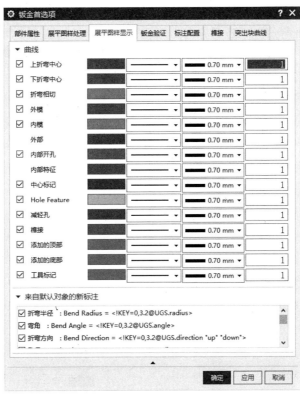

图 2-7 "展平图样显示"选项卡

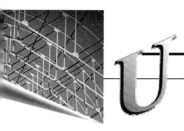

2.2.4 钣金验证

在图 2-3 所示的对话框中，选择"钣金验证"选项卡，可以设置钣金件的验证参数（包括"最小工具间隙"和"最小腹板长度"），如图 2-8 所示。

图 2-8 "钣金验证"选项卡

2.2.5 标注配置

在图 2-3 所示的对话框中，选择"标注配置"选项卡，可以设置钣金部件中的当前标注（包括"折弯半径""弯角""折弯方向""孔径"等），如图 2-9 所示。

图 2-9 "标注配置"选项卡

2.2.6 榫接

在图 2-3 所示的对话框中，选择"榫接"选项卡，可以设置"榫接属性"参数和"榫接补偿"参数，如图 2-10 所示。

图 2-10 "榫接"选项卡

2.2.7 突出块曲线

在图 2-3 所示的对话框中，选择"突出块曲线"选项卡，可以设置折弯中心曲线和折弯相切曲线的颜色、线型和线宽，如图 2-11 所示。

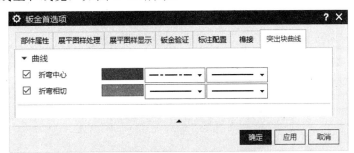

图 2-11 "突出块曲线"选项卡

2.3 突出块特征

利用突出块命令可以使用封闭轮廓创建任意形状的扁平特征。

突出块是在钣金零件上创建的平板特征。可以使用该命令来创建基本特征或者在已有钣金零件的表面添加材料。

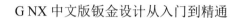

选择"菜单(M)"→"插入(S)"→"突出块(B)...",或者单击"主页"选项卡"基本"面板上的"突出块"按钮,弹出如图 2-12 所示的"突出块"对话框。

图 2-12 "突出块"对话框

2.3.1 选项及参数

1. 类型

(1)基本:创建基本钣金壁。创建的"基本"类型如图 2-13 所示。

(2)次要:在已有的钣金壁基础上添加突出块,使其壁厚与基本钣金壁相同。

图 2-13 创建"基本"类型

2. 截面

(1)绘制截面:在图 2-12 的对话框中单击 按钮,将打开"创建草图"对话框,用于设置草图平面并绘制草图来创建突出块特征。

(2)曲线:用于选择已有的曲线、边、草图或面来创建突出块特征。如果将选择意图规则设置为"自动判断曲线"时选择平的面,则会打开草图,用于在该面上绘制新草图。在

图 2-12 的对话框中为默认选项，即默认选中 按钮。

3．厚度

（1）厚度：指定平板的厚度。

（2）反向：在如图 2-12 所示的对话框中单击 按钮，可以切换基本突出块特征的拉伸方向，其与在视图中更改拉伸方向的功能相同。

2.3.2 实例——平板

1．创建钣金文件

选择"菜单(M)"→"文件(F)"→"新建(N)…"，或者单击"主页"选项卡"标准"面板中的"新建"按钮，打开"新建"对话框，如图 2-14 所示。在"模型"选项卡中选择"NX 钣金"模板。在"名称"文本框中输入"平板"，单击 按钮，进入 UG NX 2011 钣金设计环境。

2．预设置 NX 钣金参数

选择"菜单(M)"→"首选项(P)"→"钣金(H)…"，打开如图 2-15 所示的"钣金首选项"对话框，设置"材料厚度"为 3、"折弯半径"为 3、"让位槽深度"和"让位槽宽度"均为 3、"中性因子"为 0.33，其他参数采用默认设置，单击 按钮。

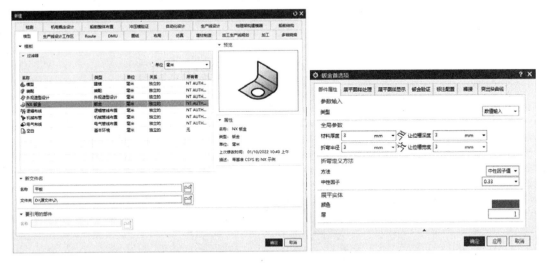

图 2-14 "新建"对话框   图 2-15 "钣金首选项"对话框

3．创建基本突出块特征

1）选择"菜单(M)"→"插入(S)"→"突出块(B)…"，或者单击"主页"选项卡"基本"面板中的"突出块"按钮，打开如图 2-16 所示"突出块"对话框。

2）单击"绘制截面"按钮，在绘图区选取 XY 平面为草图绘制面，绘制轮廓草图，结果如图 2-17 所示。单击"完成"图标，草图绘制完毕。

图 2-16 "突出块"对话框

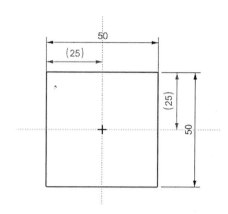

图 2-17 轮廓草图

3）在"突出块"对话框中单击 确定 按钮，创建基本突出块特征，结果如图 2-18 所示。

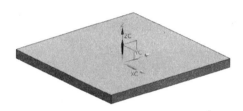

图 2-18 创建基本突出块特征

2.4 综合实例——微波炉内门

首先利用突出块命令创建基本钣金件，然后利用弯边命令创建四周的弯边特征，利用法向开孔命令修剪 4 个角和切除槽，最后利用突出块命令在钣金件上添加实体并用折弯命令为其创建折弯特征。创建的微波炉内门如图 2-19 所示。

图 2-19 微波炉内门

1. 创建 NX 钣金文件

选择"菜单(<u>M</u>)"→"文件(<u>F</u>)"→"新建(<u>N</u>)..."，或者单击"主页"选项卡"标准"

面板中的"新建"按钮 ，打开"新建"对话框，如图 2-20 所示。在"名称"文本框中输入"微波炉内门"，在"文件夹"文本框中输入保存路径，单击 按钮，进入 UG NX 2011 钣金设计环境。

图 2-20 "新建"对话框

2. 钣金参数预设置

选择"菜单(M)"→"首选项(P)"→"钣金(H)..."命令，打开如图 2-21 所示的"钣金首选项"对话框。在"全局参数"选项组中设置"材料厚度"为 0.6、"折弯半径"为 0.6、"让位槽深度"和"让位槽宽度"都为 1，在"折弯定义方法"选项组的"方法"下拉列表中选择"公式"，单击 按钮，完成钣金参数预设置。

3. 创建突出块特征

1）选择"菜单(M)"→"插入(S)"→"突出块(B)..."，或者单击"主页"选项卡"基本"面板上的"突出块"按钮 ，打开如图 2-22 所示的"突出块"对话框。

2）在"突出块"对话框中的类型下拉列表中选择"基本"，单击"绘制截面"按钮 ，打开如图 2-23 所示的"创建草图"对话框。

3）在"创建草图"对话框中的类型下拉列表中选择"基于平面"，然后在绘图窗口中选择 XY 平面为草图绘制面，单击 按钮，进入草图绘制环境，绘制如图 2-24 所示的草图。单击"完成"图标 ，草图绘制完毕。

4）在绘图区预览所创建的突出块特征，如图 2-25 所示。

图 2-21 "钣金首选项"对话框

图 2-22 "突出块"对话框

图 2-23 "创建草图"对话框

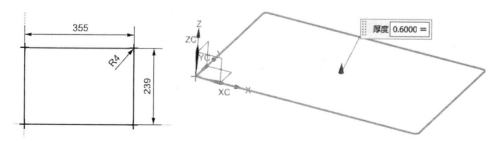

图 2-24 绘制草图　　　　图 2-25 预览所创建的突出块特征

5）在"突出块"对话框中单击 < 确定 > 按钮，创建突出块特征，如图 2-26 所示。

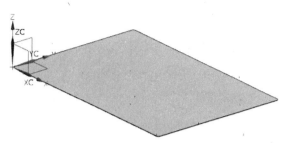

图 2-26 创建突出块特征

4. 创建弯边特征

1）选择"菜单(M)"→"插入(S)"→"折弯(N)"→"弯边(F)...",或者单击"主页"选项卡"基本"面板中的"弯边"按钮，打开如图 2-27 所示的"弯边"对话框。设置"宽度选项"为"完整"、"长度"为 18.5、"角度"为 90、"参考长度"为"外侧"、"内嵌"为"材料外侧"，"折弯止裂口"和"拐角止裂口"下拉列表中均为"无"。

图 2-27 "弯边"对话框

2）选择弯边，同时在绘图区预览所创建的弯边特征 1，如图 2-28 所示。

3）在"弯边"对话框中单击 [应用] 按钮，创建弯边特征 1，如图 2-29 所示。

4）选择弯边，同时在绘图区预览显示所创建的弯边特征 2，如图 2-30 所示。在"弯边"对话框中，设置"宽度选项"为"完整"、"长度"为 18.5、"角度"为 90、"参考长度"为"外侧"、"内嵌"为"材料外侧"、"折弯止裂口"和"拐角止裂口"下拉列表中均为"无"。

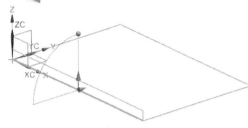

图 2-28 预览所创建的弯边特征 1

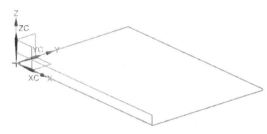

图 2-29 创建弯边特征 1

5）在"弯边"对话框中单击 应用 按钮，创建弯边特征 2，如图 2-31 所示。

6）选择弯边，同时在绘图区预览所创建的弯边特征 3，如图 2-32 所示。在"弯边"对话框中设置"宽度选项"为"完整"、"长度"为 18.5、"角度"为 90、"参考长度"为"外侧"、"内嵌"为"材料外侧"，在"折弯止裂口"和"拐角止裂口"下拉列表中均为"无"。

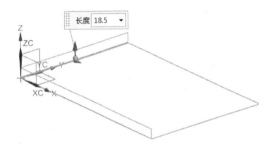

图 2-30 预览所创建的弯边特征 2

图 2-31 创建弯边特征 2

7）在"弯边"对话框中，单击 应用 按钮，创建弯边特征 3，如图 2-33 所示。

8）选择弯边，同时在绘图区预览显示所创建的弯边特征 4，如图 2-34 所示。在"弯边"对话框中，设置"宽度选项"为"完整"、"长度"为 18.5、"角度"为 90、"参考长度"为"外侧"、"内嵌"为"材料外侧"，"折弯止裂口"和"拐角止裂口"下拉列表中均为"无"。

9）在"弯边"对话框中单击 < 确定 > 按钮，创建弯边特征 4，如图 2-35 所示。

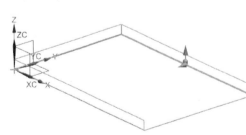

图 2-32 预览所创建的弯边特征 3

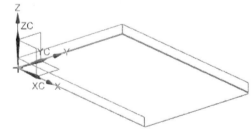

图 2-33 创建弯边特征 3

5．创建法向开孔特征 1

1）选择"菜单(M)"→"插入(S)"→"切割(T)"→"法向开孔(N)..."，或者单击"主页"选项卡"基本"面板中的"法向开孔"按钮 ，打开如图 2-36 所示的"法向开孔"对话框。

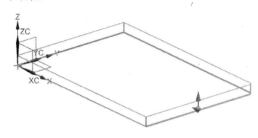

图 2-34 预览所创建的弯边特征 4   图 2-35 创建弯边特征 4

2）在"法向开孔"对话框中，单击"绘制截面"按钮，打开"创建草图"对话框。在绘图区中选择草图绘制面，如图 2-37 所示。

图 2-36 "法向开孔"对话框

图 2-37 选择草图绘制面

3）在"创建草图"对话框中单击 确定 按钮，进入草图设计环境，绘制如图 2-38 所示的草图。单击"完成"图标，草图绘制完毕。

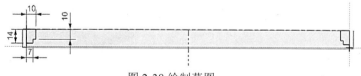

图 2-38 绘制草图

4）绘图区预览所创建的法向开孔特征 1，如图 2-39 所示。

5）在"法向开孔"对话框中单击 确定 按钮，创建法向开孔特征 1，如图 2-40 所示。

6. 创建法向开孔特征 2

1）选择"菜单(M)"→"插入(S)"→"切割(T)"→"法向开孔(N)..."，或者单击"主页"选项卡"基本"面板中的"法向开孔"按钮，打开"法向开孔"对话框。

2）在"法向开孔"对话框中，单击"绘制截面"按钮，打开"创建草图"对话框。

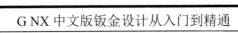

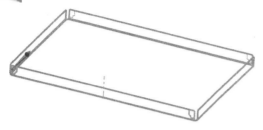 

图 2-39 预览所创建的法向开孔特征 1　　　　　图 2-40 创建法向开孔特征 1

3）在绘图区中选择草图绘制面，如图 2-41 所示。

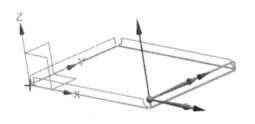

图 2-41 选择草图绘制面

4）在"创建草图"对话框中单击 确定 按钮，进入草图设计环境，绘制如图 2-42 所示的草图。单击"完成"图标，草图绘制完毕。

图 2-42 绘制草图

5）在绘图区预览所创建的法向开孔特征 2，如图 2-43 所示。

6）在"法向开孔"对话框中单击 < 确定 > 按钮，创建法向开孔特征 2，如图 2-44 所示。

图 2-43 预览所创建的法向开孔特征 2　　　　　图 2-44 创建法向开孔特征 2

7．创建弯边特征

1）选择"菜单(M)"→"插入(S)"→"折弯(N)"→"弯边(F)…"，或者单击"主页"选项卡"基本"面板中的"弯边"按钮，打开如图 2-45 所示的"弯边"对话框。设置"宽度选项"为"完整"、"长度"为 6、"角度"为 128、"参考长度"为"外侧"、"内嵌"为"材料外侧"，在"折弯半径"文本框中输入 1.5，在"折弯止裂口"和"拐角止裂口"下拉列表中均选择"无"。

图 2-45 "弯边"对话框

2）选择弯边，同时在绘图区预览所创建的弯边特征 5，如图 2-46 所示。

3）在"弯边"对话框中单击 应用 按钮，创建弯边特征 5，如图 2-47 所示。

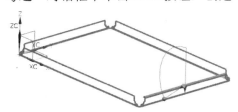

图 2-46 预览所创建的弯边特征 5

图 2-47 创建弯边特征 5

4）选择弯边，同时在绘图区预览所创建的弯边特征 6，如图 2-48 所示。在"弯边"对话框中，设置"宽度选项"为"完整"、"长度"为 6、"角度"为 128、"参考长度"为"外侧"、"内嵌"为"材料外侧"，在"折弯半径"文本框中输入 1.2，在"折弯止裂口"和"拐角止裂口"下拉列表中均选择"无"。

5）在"弯边"对话框中单击 应用 按钮，创建弯边特征 6，如图 2-49 所示。

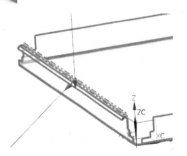

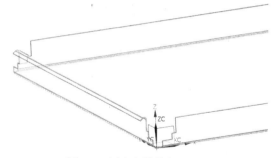

图 2-48 预览所创建的弯边特征 6　　　　　图 2-49 创建弯边特征 6

6）选择弯边，同时在绘图区预览显示所创建的弯边特征 7，如图 2-50 所示。在"弯边"对话框中，设置"宽度选项"为"完整"、"长度"为 6、"角度"为 128、"参考长度"为"外部"、"内嵌"为"材料外侧"，在"折弯半径"文本框中输入 1.2，在"折弯止裂口"和"拐角止裂口"下拉列表中均选择"无"。

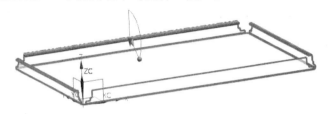

图 2-50 预览所创建的弯边特征 7

7）在"弯边"对话框中单击 应用 按钮，创建弯边特征 7，如图 2-51 所示。

8）选择弯边，同时在绘图区预览所创建的弯边特征 8，如图 2-52 所示。在"弯边"对话框中，设置"宽度选项"为"完整"、"长度"为 6、"角度"为 128、"参考长度"为"外侧"、"内嵌"为"材料外侧"，在"折弯半径"文本框中输入 1.2，在"折弯止裂口"和"拐角止裂口"下拉列表中均选择"无"。

图 2-51 创建弯边特征 7

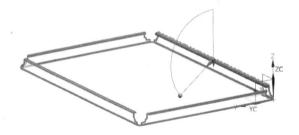

图 2-52 预览所创建的弯边特征 8

9）在"弯边"对话框中单击 <确定> 按钮，创建弯边特征 8，如图 2-53 所示。

图 2-53 创建弯边特征 8

8．创建伸直特征

1）选择菜单(M)"→"插入(S)"→"成形(R)"→"伸直(U)..."，或者单击"主页"选项卡"折弯"面板中的"伸直"按钮 ，打开如图 2-54 所示的"伸直"对话框。

2）在绘图区中选择固定面，如图 2-55 所示。

图 2-54 "伸直"对话框

图 2-55 选择固定面

3）在绘图区中选择折弯，如图 2-56 所示。

4）在"伸直"对话框中单击 <确定> 按钮，创建伸直特征，如图 2-57 所示。

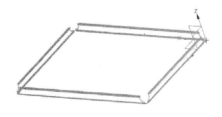

图 2-56 选择折弯

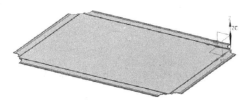

图 2-57 创建伸直特征

9．创建法向开孔特征 3

1）选择"菜单(M)"→"插入(S)"→"切割(T)"→"法向开孔(N)..."，或者单击"主页"选项卡"基本"面板中的"法向开孔"按钮 ，打开"法向开孔"对话框。

2）在"法向开孔"对话框中单击"绘制截面"按钮 ，打开"创建草图"对话框。

3）在绘图区中选择草图绘制面，如图 2-58 所示。

4）在"创建草图"对话框中，单击 确定 按钮，进入草图设计环境，绘制如图 2-59 所

示的草图。单击"完成"图标，草图绘制完毕。

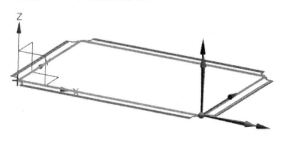

图 2-58 选择草图绘制面

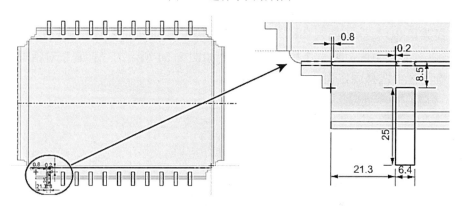

图 2-59 绘制草图

5）在绘图区预览所创建的法向开孔特征 3，如图 2-60 所示。

6）在"法向开孔"对话框中单击 < 确定 > 按钮，创建法向开孔特征 3，如图 2-61 所示。

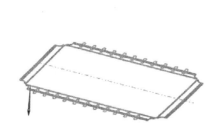

图 2-60 预览所创建的法向开孔特征 3

图 2-61 创建法向开孔特征 3

10．创建法向开孔特征 4

1）选择"菜单(M)"→"插入(S)"→"切割(T)"→"法向开孔(N)…"，或者单击"主页"选项卡"基本"面板中的"法向开孔"按钮，打开"法向开孔"对话框。

2）在"法向开孔"对话框中单击"绘制截面"按钮，打开"创建草图"对话框。

3）在绘图区中选择草图绘制面，如图 2-62 所示。

4）在"创建草图"对话框中单击 确定 按钮，进入草图设计环境，绘制如图 2-63 所示的草图。单击"完成"图标，草图绘制完毕。

5）在绘图区预览所创建的法向开孔特征 4，如图 2-64 所示。

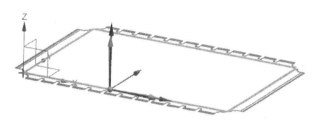

图 2-62 选择草图绘制面

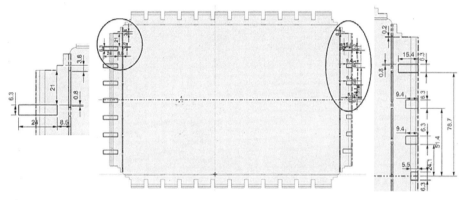

图 2-63 绘制草图

6）在"法向开孔"对话框中单击 <确定> 按钮，创建法向开孔特征 4，如图 2-65 所示。

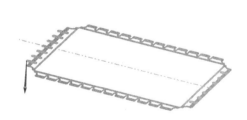

图 2-64 预览所创建的法向开孔特征 4　　　　　图 2-65 创建法向开孔特征 4

11. 创建凹坑特征 1

1）选择"菜单(M)"→"插入(S)"→"冲孔(H)"→"凹坑(D)...", 或者单击"主页"选项卡"凸模"面板中的"凹坑"按钮 ◈，打开如图 2-66 所示的"凹坑"对话框。

2）单击"绘制截面"按钮 ，打开"创建草图"对话框。在绘图区中选择草图绘制面，如图 2-67 所示。

3）进入草图绘制环境，绘制如图 2-68 所示的草图。单击"完成"图标 ，草图绘制完毕。

4）在绘图区预览所创建的凹坑特征 1，如图 2-69 所示。

5）在"凹坑"对话框中，设置"深度"为 20、"侧角"为 0、"侧壁"为"材料外侧"、"冲压半径""冲模半径"和"拐角半径"都为 1。勾选"倒圆凹坑边"和"倒圆截

面拐角"复选框。单击< 确定 >按钮，创建凹坑特征1，如图2-70所示。

图2-66 "凹坑"对话框

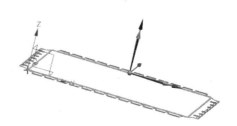

图2-67 选择草图绘制面

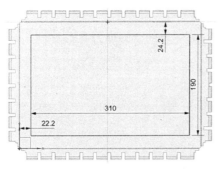

图2-68 绘制草图

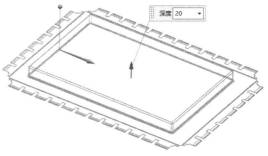

图2-69 预览所创建的凹坑特征

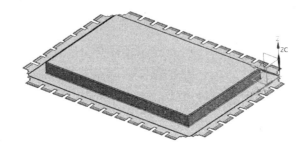

图2-70 创建凹坑特征1

12. 创建凹坑特征2

1）选择"菜单（M）"→"插入（S）"→"冲孔（H）"→"凹坑（D）..."，或者单击"主页"选项卡"凸模"面板中的"凹坑"按钮 ，打开如图 2-66 所示的"凹坑"对话框。单击"绘制截面"按钮 ，在绘图区选择草图绘制面，如图 2-71 所示。

2）进入草图绘制环境，绘制如图 2-72 所示的草图。单击"完成"图标 ，草图绘制完毕。

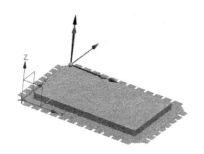

图 2-71 选择草图绘制面

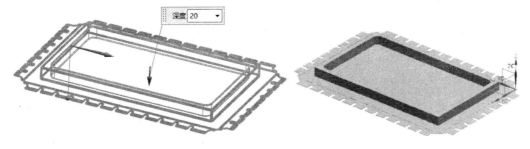

图 2-72 绘制草图

3）在绘图区预览所创建的凹坑特征 2，如图 2-73 所示。

4）在"凹坑"对话框中，设置"深度"为 20、"侧角"为 3、"侧壁"为"材料外侧"、"冲压半径""冲模半径"和"拐角半径"都为 1，勾选"倒圆凹坑边"和"倒圆截面拐角"复选框。单击 按钮，创建凹坑特征 2，如图 2-74 所示。

图 2-73 预览所创建的凹坑特征 2　　　　　图 2-74 创建凹坑特征 2

13．创建重新折弯特征

1）选择"菜单(M)"→"插入(S)"→"成形(R)"→"重新折弯(R)…"，或者单击"主页"选项卡"折弯"面板中的"重新折弯"按钮 ，打开如图 2-75 所示的"重新折弯"对话框。

2）在绘图区中选择折弯，如图 2-76 所示。

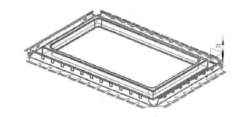

图 2-75 "重新折弯"对话框　　　　　图 2-76 选择折弯

3）在"重新折弯"对话框中单击<蓝> 按钮，创建重新折弯特征，如图2-77所示。

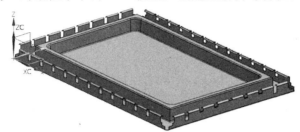

图2-77 创建重新折弯特征

14．创建突出块特征

1）选择"菜单(M)"→"插入(S)"→"突出块(B)…"，或者单击"主页"选项卡"基本"面板中的"突出块"按钮 ，打开"突出块"对话框。选择草图绘制面，如图2-78所示。

2）进入草图绘制环境，绘制如图2-79所示的草图。单击"完成"图标 ，草图绘制完毕。

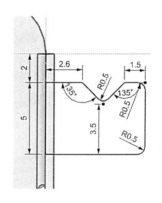

图2-78 选择草图绘制面　　　　　　　　图2-79 绘制草图

3）在绘图区预览所创建的突出块特征，如图2-80所示。

4）在"突出块"对话框中单击<确定> 按钮，创建突出块特征，如图2-81所示。

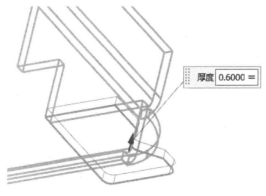

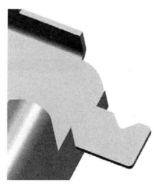

图2-80 预览所创建的突出块特征　　　　　图2-81 创建突出块特征

15. 创建折弯特征

1）选择"菜单(M)"→"插入(S)"→"折弯(N)"→"折弯(B)...",或者单击"主页"选项卡"折弯"面板中的"折弯"按钮🛩,打开如图 2-82 所示的"折弯"对话框。

2）单击"绘制截面"按钮🖉,在绘图区中选择草图绘制面,如图 2-83 所示。

3）在"创建草图"对话框中单击 **确定** 按钮,进入草图绘制环境,绘制如图 2-84 所示的草图。单击"完成"图标🏁,草图绘制完毕。

图 2-82 "折弯"对话框

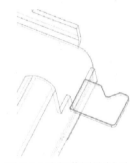

图 2-83 选择草图绘制面

4）在绘图区预览所创建的折弯特征,如图 2-85 所示。

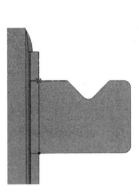

图 2-84 绘制草图

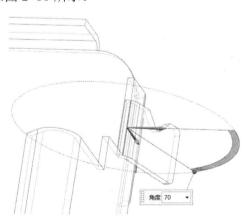

图 2-85 预览所创建的折弯

5）在"折弯"对话框中，在"角度"文本框中输入 70，在"内嵌"下拉列表中选择"折弯中心线轮廓"，设置"折弯半径"为 0.3，设置"折弯止裂口"为"圆形"、"宽度"为 1.5，其他参数采用默认。单击 <确定> 按钮，创建折弯特征，如图 2-86 所示。

16．绘制草图

1）选择"菜单(M)"→"插入(S)"→"草图(S)…"，打开"创建草图"对话框。选择草图绘制面，如图 2-87 所示。

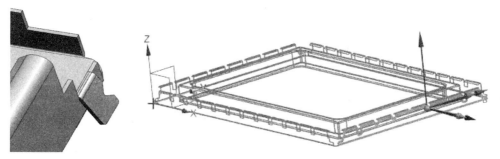

图 2-86 创建折弯特征　　　　　　　图 2-87 选择草图工作平面

2）进入草图绘制环境，绘制如图 2-88 所示的草图。单击"完成"图标，草图绘制完毕。

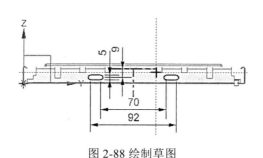

图 2-88 绘制草图

17．创建拉伸特征

1）选择"菜单(M)"→"插入(S)"→"切割(T)"→"拉伸(X)…"，或者单击"主页"选项卡"建模"面板上的"拉伸"按钮，打开如图 2-89 所示的"拉伸"对话框。在"指定矢量"下拉列表中选择"XC 轴"，在起始"距离"文本框中输入 0，在终止"距离"文本框中输入 0.6。

2）在绘图区中选择如图 2-88 所示的草图，然后预览所创建的拉伸特征，如图 2-90 所示。

3）在"拉伸"对话框中设置"布尔"运算为"合并"。单击 <确定> 按钮，创建拉伸特征，如图 2-91 所示。

图 2-89 "拉伸"对话框

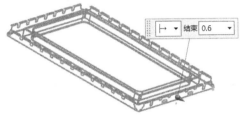

图 2-90 预览所创建的拉伸特征

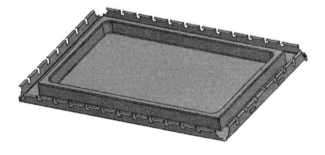

图 2-91 创建拉伸特征

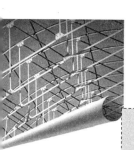

第3章

弯曲

本章主要介绍了弯曲特征的创建方法和过程。

重点与难点
- 弯边
- 轮廓弯边
- 放样弯边
- 二次折弯
- 折弯
- 桥接折弯
- 折边弯边

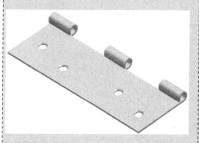

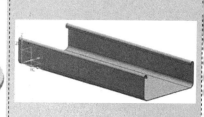

3.1 弯边

使用弯边命令可以创建简单折弯和弯边区域。弯边特征包括圆柱区域，即通常所说的折弯区域和矩形区域。

选择"菜单(M)"→"插入(S)"→"折弯(N)"→"弯边(F)..."，或者单击"主页"选项卡"基本"面板中的"弯边"按钮，打开如图 3-1 所示的"弯边"对话框。

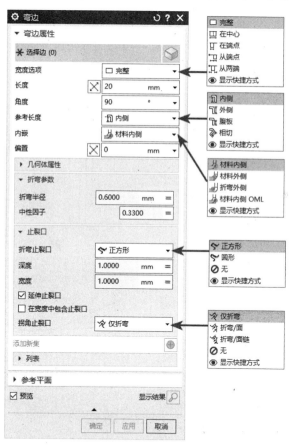

图 3-1 "弯边"对话框

3.1.1 选项及参数

1. "弯边属性"选项组

（1）选择边：用于选取一条或多条边线作为弯边的折弯边线。

（2）宽度选项：用于设置弯边宽度的测量方式。

1）完整：是指沿着所选择折弯边的边长来创建弯边特征，当选择该选项创建弯边特征时，弯边的主要参数有长度、偏置和角度。

2）在中心（见图 3-2a）：指在所选择的折弯边中部创建弯边特征。可以编辑弯边宽度值和使弯边居中，默认宽度是所选择折弯边长的三分之一。当选择该选项创建弯边特征时，弯边的主要参数有长度、偏置、角度和宽度(两宽度相等)。

3）在端点（见图 3-2b）：指从所选择的端点开始创建弯边特征。当选择该选项创建弯边特征时，弯边的主要参数有长度、偏置、角度和宽度。

4）从端点（见图 3-2c）：指从所选折弯边的端点定义距离来创建弯边特征。当选择该选项创建弯边特征时，弯边的主要参数有长度、偏置、角度、距离 1（从端点到弯边的距离）和宽度。

5）从两端（见图 3-2d）：指从所选择折弯边的两端定义距离来创建弯边特征。默认宽度是所选择折弯边长的三分之一，当选择该选项创建弯边特征时，弯边的主要参数有长度、偏置、角度、距离 1 和距离 2。

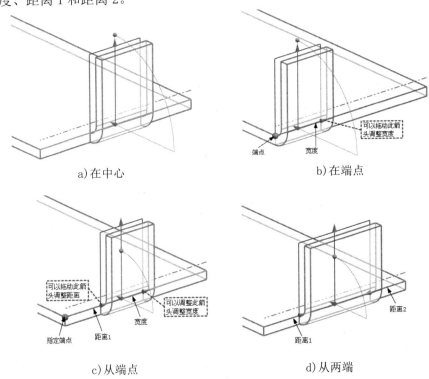

a) 在中心　　　　　　　　　　　　b) 在端点

c) 从端点　　　　　　　　　　　　d) 从两端

图 3-2 "宽度选项"示意图

（3）长度：即弯边的长度，单击☒按钮可以调整折弯长度的方向。

（4）角度：即创建弯边特征的折弯角度，如图 3-3 所示。

（5）参考长度：用来设置长度的度量方式。包括内侧、外侧、腹板等方式。

1）内侧（见图 3-4a）：指从已有材料的内侧测量弯边长度。

2）外侧（见图 3-4b）：指从已有材料的外侧测量弯边长度。

3）腹板（见图 3-4c）：指从已有材料的圆角外侧测量弯边长度。

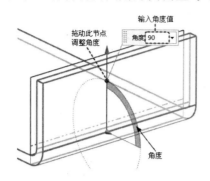

图 3-3 弯边"角度选项"示意图

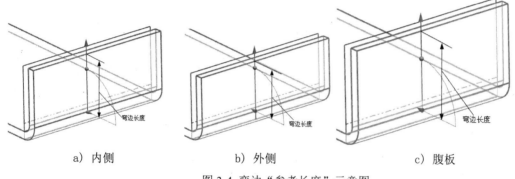

a）内侧　　　　　　　　b）外侧　　　　　　　　c）腹板

图 3-4 弯边"参考长度"示意图

（6）内嵌：用来表示弯边嵌入基础零件的距离。内嵌包括材料内侧、材料外侧和折弯外侧等类型。

1）材料内侧：指弯边嵌入到基本材料的里面，这样矩形区域的外侧表面与所选的折弯边平齐，如图 3-5a 所示。

2）材料外侧：指弯边嵌入到基本材料的外面，这样矩形区域的内侧表面与所选的折弯边平齐，如图 3-5b 所示。

3）折弯外侧：指材料添加到所选中的折弯边上形成弯边，如图 3-5c 所示。

（7）偏置：可以在绘图区动态设置偏置选项（即弯边在基本特征粘连处的延伸距离），如图 3-6 所示。

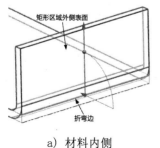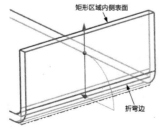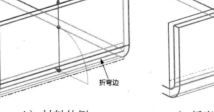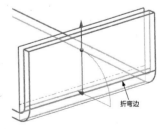

a）材料内侧　　　　　　b）材料外侧　　　　　　c）折弯外侧

图 3-5 弯边"内嵌"示意图

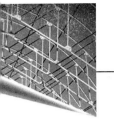

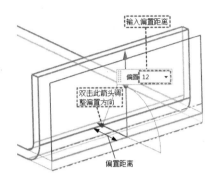

图 3-6 弯边"偏置"示意图

2．"折弯参数"选项组

（1）折弯半径：指折弯区域圆柱面的半径，默认值是"钣金首选项"对话框中所设置的折弯半径，单击"启用公式编辑器"按钮 ，在下拉列表中选择"使用局部值"，可以直接在折弯半径文本框中输入新的折弯半径。

（2）中性因子：指中心层距离与板厚的比值。中性轴是指折弯外侧拉伸应力与内侧挤压应力相等的位置。中性因子由折弯材料的力学特性决定，用来表示平面展开处理的折弯许用公式。

3．"止裂口"选项组

（1）折弯止裂口：在折弯线所在的边上开止裂口槽可防止，采用过小的折弯半径或者给硬质材料折弯时在折弯外侧产生的毛边或断裂。

1）正方形：指在创建折弯时，在连接处将主壁切割成正方形切口，如图 3-7a 所示。

2）圆形：指在创建折弯时，在连接处将主壁切割成圆形切口，如图 3-7b 所示。

3）无：是指在创建折弯时，在连接处通过垂直切割主壁到折弯线，如图 3-7c 所示。

a）正方形止裂口   b）圆形止裂口   c）无止裂口

图 3-7 折弯止裂口示意图

（2）延伸止裂口：用来定义是否延伸折弯止裂口到零件的边。在"弯边"对话框中，可通过勾选或取消勾选"延伸止裂口"复选框来定义是否延伸止裂口。

（3）拐角止裂口：定义是否要创建的弯边特征所邻接的特征采用拐角止裂口，采用拐角止裂口时可选择"仅折弯""折弯/面"和"折弯/面链"和"无"选项。

1）仅折弯：指仅对邻接特征的折弯部分应用拐角止裂口，如图 3-8b 所示。

2）折弯/面：指对邻接特征的折弯部分和平板部分应用拐角止裂口，如图 3-8c 所示。

3）折弯/面链：指对邻接特征的所有折弯部分和平板部分应用拐角止裂口，示意图如图

3-8d 所示。

a) 无拐角止裂口

b) 仅折弯

c) 折弯/面

d) 折弯/面链

图 3-8 拐角止裂口示意图

3.1.2 实例——折角

1. 创建钣金文件

选择"菜单(M)"→"文件(F)"→"新建(N)...",或者单击"主页"选项卡"标准"面板中的"新建"按钮,打开"新建"对话框。在"模型"选项卡中选择"NX 钣金"模板,在"名称"文本框中输入"折角",单击 确定 按钮,进入 UG NX 钣金设计环境。

2. 预设置 NX 钣金参数

选择"菜单(M)"→"首选项(P)"→"钣金(H)...",打开如图 3-9 所示的"钣金首选项"对话框,设置"材料厚度"为 5、"折弯半径"为 5、"让位槽深度"和"让位槽宽度"均为 3、"中性因子值"为 0.33,其他参数采用默认设置。

3. 创建基本突出块特征

1)选择"菜单(M)"→"插入(S)"→"突出块(B)...",或者单击"主页"选项卡"基本"面板中的"突出块"按钮 <!-- icon -->,打开如图 3-10 所示的"突出块"对话框。

图 3-9 "钣金首选项"对话框

2)单击"绘制截面"按钮 <!-- icon -->,选取 XY 平面为草图绘制面,绘制突出块特征轮廓草图,如图 3-11 所示。单击"完成"图标 <!-- icon -->,草图绘制完毕。

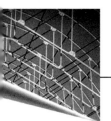

图 3-10 "突出块" 对话框

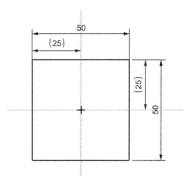

图 3-11 特征轮廓草图

3）在"突出块"对话框中单击 < 确定 > 按钮，创建基本突出块特征，如图 3-12 所示。

4. 创建弯边特征 1

1）选择"菜单(M)"→"插入(S)"→"折弯(N)"→"弯边(F)..."，或者单击"主页"选项卡"基本"面板中的"弯边"按钮，打开如图 3-13 所示的"弯边"对话框，设置"宽度选项"为"从端点"、"参考长度"为"内侧"、"内嵌"为"折弯外侧"。

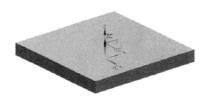

图 3-12 创建基本突出块特征

图 3-13 "弯边"对话框

2）在绘图区中选择如图 3-14 所示的折弯边。

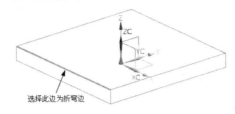

选择此边为折弯边

图 3-14 选择弯边特征 1 的折弯边

3）选择如图 3-15 所示的顶点。

4）在绘图区中将"距离 1"值更改为 25，更改后的结果如图 3-16 所示。

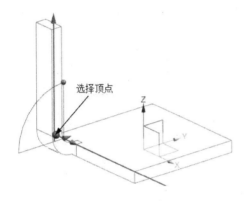

选择顶点

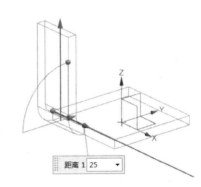

距离 1 25

图 3-15 选择顶点　　　　　　　　　图 3-16 更改"距离 1"

5）在对话框中更改"宽度"为 25 或者直接在绘图区中将"宽度"值更改为 25，结果如图 3-17 所示。

6）在对话框中更改"长度"为 30、"角度"为 90、"折弯半径"为 5、"折弯止裂口"和"拐角止裂口"均为"无"，结果如图 3-18 所示。

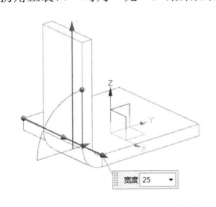

宽度 25

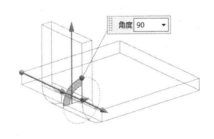

角度 90

图 3-17 更改"宽度"后的示意图　　　图 3-18 更改"长度"和"角度"后的示意图

7）在对话框中单击 确定 按钮，创建弯边特征 1，如图 3-19 所示。

5. 创建弯边特征 2

1）选择"菜单(M)"→"插入(S)"→"折弯(N)"→"弯边(F)..."，或者单击"主页"

选项卡"基本"面板中的"弯边"按钮🔖，打开如图 3-20 所示的"弯边"对话框，设置"宽度选项"为"完整"、"参考长度"为"内侧"、"内嵌"为"材料内侧"。

图 3-19 创建弯边特征 1

2）在绘图区中选择如图 3-21 所示的折弯边，并在"弯边"对话框中设置弯边"长度"为 30、"角度"为 90，在"折弯止裂口"下拉列表中选择"正方形"，在"拐角止裂口"下拉列表中选择"仅折弯"。

3）在"弯边"对话框中单击 <确定> 按钮，创建弯边特征 2 如图 3-22 所示。

图 3-20 "弯边"对话框

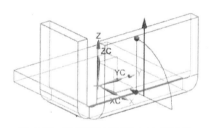

图 3-21 选择弯边特征 2 的折弯边

图 3-22 创建弯边特征 2

3.2 轮廓弯边

轮廓弯边命令可通过拉伸开环的截面轮廓来创建弯边特征。使用轮廓弯边命令可以创建新零件的基本特征或者在现有的钣金零件上添加轮廓弯边特征，可以创建任意角度的多个轮廓弯边特征。

选择"菜单(M)"→"插入(S)"→"折弯(N)"→"轮廓弯边(C)..."，或者单击"主页"选项卡"基本"面板上"弯边"下拉菜单中的"轮廓弯边"按钮 ，打开如图 3-23 所示的"轮廓弯边"对话框。

图 3-23 "轮廓弯边"对话框

3.2.1 选项及参数

1. 类型

（1）柱基：可以使用柱基轮廓弯边类型创建新零件的基本特征，在创建轮廓弯边时，如果没有将折弯位置绘制为圆弧，系统将在折弯位置自动添加圆弧，如图 3-24 所示。

（2）次要：在已存在的钣金壁的边缘添加轮廓特征，其壁厚与基础钣金相同。

2. 截面

（1）绘制截面：在图 3-23 的对话框中单击 图标，可以在参考平面上绘制开环的轮廓

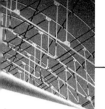

草图来创建轮廓弯边特征。当选择"柱基"类型时，该按钮用于选择轮廓弯边所在的草绘平面。当选择"次要"类型时，该按钮用于选择路径曲线，然后基于该路径曲线来创建草绘平面。

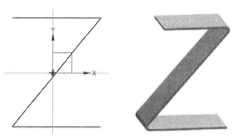

图 3-24 柱基轮廓弯边示意图

（2）曲线：用于选择已有的曲线、边、草图或面来创建轮廓弯边特征。如果将选择意图规则设置为"自动判断曲线"时选择平的面，则会打开草图，用于在该面上绘制新草图。在如图 3-23"轮廓弯边"对话框为默认选项，即默认选中 按钮。

3. 宽度

（1）宽度选项：

1）有限：指仅向轮廓的一侧创建有限宽度的轮廓弯边，单击宽度"反向"按钮 ，可以切换宽度方向，使用"有限"选项创建轮廓弯边如图 3-25 所示。

2）对称：指同时向轮廓的两侧创建轮廓弯边，两侧各拉伸宽度值的一半，"对称"选项创建轮廓弯边如图 3-26 所示。

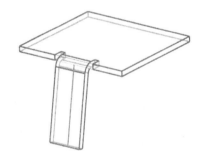

图 3-25 "有限"选项创建的轮廓弯边　　　图 3-26 "对称"选项创建的轮廓弯边

（2）宽度：是指设置轮廓弯边拉伸的范围，对于"有限"选项所定义的宽度等于轮廓一侧的轮廓弯边宽度，如图 3-25 所示；对于"对称"选项所定义的宽度等于轮廓两侧的轮廓弯边总宽度，如图 3-26 所示。

4. 斜接

（1）开始端和结束端：设置轮廓弯边端（包括开始端和结束端）选项的斜接选项和参数。

（2）斜接角：勾选此复选框，在创建轮廓弯边的同时创建斜接。此时"斜接"选项组如图 3-27 所示。

（3）开孔：

1）垂直于厚度面：使轮廓弯边的端部斜接垂直于厚度表面，如图 3-28a 所示。

2）垂直于源面：使轮廓弯边的端部斜接垂直于原始表面，如图 3-28b 所示。

图 3-27 "斜接"选项组　　　　图 3-28 "开孔"示意图

a) 垂直于厚度面　　　　b) 垂直于源面

（4）角度：用于设置轮廓弯边开始端和结束端的斜接角度值。可以为正值、负值或零，如图 3-29 所示。

（5）使用法向开孔法进行斜接：定义是否采用法向切槽方式斜接。

a) 正值　　　　　　b) 负值　　　　　　c) 零

图 3-29 "角度"示意图

3.2.2 实例——弯片

1. 创建钣金文件

选择"菜单(<u>M</u>)"→"文件(<u>F</u>)"→"新建(<u>N</u>)…"，或者单击"主页"选项卡"标准"面板中的"新建"按钮，打开"新建"对话框。在"模型"选项卡中，选择"NX 钣金"模板。在"名称"文本框中输入"弯片"，单击 **确定** 按钮，进入 UG NX 钣金设计环境。

2. 预设置 NX 钣金参数

选择"菜单(<u>M</u>)"→"首选项(<u>P</u>)"→"钣金(<u>H</u>)…"，打开如图 3-30 所示的"钣金首选项"对话框，设置"材料厚度"为 3、"折弯半径"为 3、"让位槽深度"和"让位槽宽度"均为 3、"中性因子值"为 0.33，其他参数采用默认设置。

3. 创建轮廓弯边特征

1）选择"菜单(<u>M</u>)"→"插入(<u>S</u>)"→"折弯(<u>N</u>)"→"轮廓弯边(<u>C</u>)…"，或者单击"主页"选项卡"基本"面板上的"轮廓弯边"按钮，打开如图 3-31 所示的"轮廓弯边"对话框。设置"宽度选项"选项为"对称"，输入"宽度"为 50。

2）在"轮廓弯边"对话框中单击"绘制截面"图标，选择 XY 平面为草图绘制面，绘

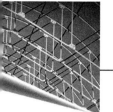

制轮廓弯边特征轮廓草图，如图 3-32 所示。单击"完成"图标，草图绘制完毕。

图 3-30 "钣金首选项"对话框　　　　　图 3-31 "轮廓弯边"对话框

3）在"轮廓弯边"对话框中单击 < 确定 > 按钮，完成轮廓弯边特征的创建，如图 3-33 所示。

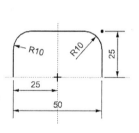

图 3-32 轮廓弯边特征轮廓草图　　　　　图 3-33 创建轮廓弯边特征示意图

3.3 放样弯边

使用"放样弯边"命令可在平行参考面上的轮廓或草图之间促进过渡连接。

选择"菜单(M)"→"插入(S)"→"折弯(N)"→"放样弯边(L)..."，或者单击"主页"选项卡"基本"面板上"弯边"下拉菜单中的"放样弯边"按钮，打开如图 3-34 所示的"放样弯边"对话框。

图 3-34 "放样弯边"对话框

UG NX 2022

3.3.1 选项及参数

1. 类型

可以使用柱基放样弯边选项创建新零件的基本特征，创建的柱基放样弯边特征示意图如图 3-35 所示。

图 3-35 柱基放样弯边示意图

2. "起始截面"选项组和"终止截面"选项组

"起始截面"选项组和"终止截面"选项组的选择步骤完全相同，这里只介绍"起始截面"选项组中的选项。

（1）起始截面：在 "放样弯边"对话框中单击 按钮，可以在参考平面上绘制开环的轮廓草图作为放样弯边特征的起始轮廓来创建放样弯边特征。当选择"柱基"类型时，该按钮用于选择放样弯边起始轮廓所在的草绘平面。当选择"次要"类型时，该按钮用于选择路径曲线，然后基于该路径曲线来创建草绘平面。

（2）曲线：用于指定使用已有的轮廓作为放样弯边特征的起始轮廓来创建放样弯边特征。如果将选择意图规则设置为"自动判断曲线"时选择平的面，则会打开草图，用于在该面上

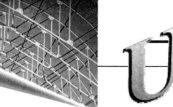

绘制新草图。在"放样弯边"对话框中为默认选项，即默认选中 按钮。

3.3.2 实例——瓦片

1. 创建钣金文件

选择"菜单(M)"→"文件(F)"→"新建(N)...",或者单击"主页"选项卡"标准"面板中的"新建"按钮，打开"新建"对话框。在"模型"选项卡中选择"NX 钣金"模板，在"名称"文本框中输入"瓦片"，单击 确定 按钮，进入 UG NX 钣金设计环境。

2. 预设置 NX 钣金参数

选择"菜单(M)"→"首选项(P)"→"钣金(H)...",打开如图 3-36 所示的"钣金首选项"对话框，设置"材料厚度"为 3、"折弯半径"为 3、"让位槽深度"和"让位槽宽度"均为 3、"中性因子值"为 0.33，其他参数采用默认设置。

图 3-36 "钣金首选项"对话框

3. 创建基本放样弯边特征

1）选择"菜单(M)"→"插入(S)"→"基准(D)"→"基准平面(D)...",或者单击"主页"选项卡"构造"面板上"基准下拉菜单"中的"基准平面"按钮，打开"基准平面"对话框，在"类型"下拉列表中选择"XC-YC 平面"，设置"距离"为 40，单击 <确定> 按钮，如图 3-37 所示。

2）选择"菜单(M)"→"插入(S)"→"折弯(N)"→"放样弯边(L)...",或者单击"主页"选项卡"基本"面板上"弯边"下拉菜单中的"放样弯边"按钮，打开如图 3-38 所示的"放样弯边"对话框。

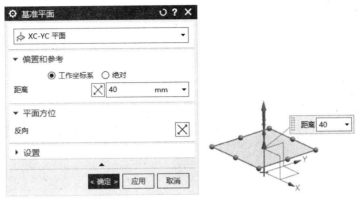

图 3-37 "基准平面"对话框

3）在"放样弯边"对话框中单击"起始截面"选项组中的按钮，打开"创建草图"对话框，选择步骤 1）中创建的基准平面为草图绘制面。

图 3-38 "放样弯边"对话框

4）在创建的基准平面上绘制放样弯边特征起始轮廓草图，如图 3-39 所示。单击"完成"图标，草图绘制完毕.

5）在"放样弯边"对话框中单击"终止截面"选项组中的按钮，在 XY 平面上绘制放样弯边特征终止轮廓草图，如图 3-40 所示。单击"完成"图标，草图绘制完毕。

6）指定起始截面端点和终止截面端点在同一侧，如图 3-41 所示。

7）在"放样弯边"对话框中单击 < 确定 > 按钮，创建放样弯边特征，如图 3-42 所示。

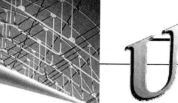

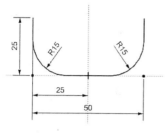

图 3-39 起始轮廓草图

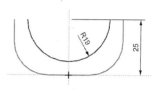

图 3-40 终止轮廓草图

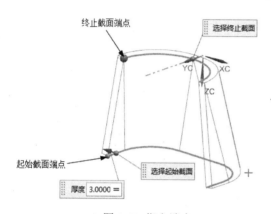

图 3-41 指定端点

图 3-42 创建放样弯边特征示意图

3.4 二次折弯

二次折弯功能可以在钣金零件平面上创建两个 90º 的折弯,并添加材料到折弯特征。二次折弯的轮廓线必须是一条直线,并且位于放置平面上。

选择"菜单(M)"→"插入(S)"→"折弯(N)"→"二次折弯(O)...",或者单击"主页"选项卡"折弯"面板上"更多"库中的"二次折弯"按钮 ,打开如图 3-43 所示的"二次折弯"对话框。

3.4.1 选项及参数

1. 二次折弯线

(1)绘制截面:在"二次折弯"对话框中单击 按钮,可以在零件表面所在平面上绘制直线轮廓草图来创建二次折弯。

(2)曲线:用来指定使用已有的直线轮廓来创建二次折弯,如果选择平的面,则会打开草图,用于在该面上绘制直线轮廓草图。在"二次折弯"对话框中为默认选项,即默认选中按钮。

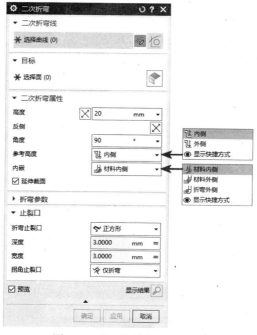

图 3-43 "二次折弯"对话框

2. 二次折弯属性

（1）高度：创建二次折弯时可以在绘图区动态更改高度值，也可在"二次折弯"对话框中的"高度"文本框中设置高度值。

（2）参考高度：包括内侧和外侧两种选项。

1）内侧：指所设置的高度值为从折弯线的草图到二次折弯的内侧面的距离，如图 3-44a 所示。

2）外侧：指所设置的高度值为从折弯线的草图到二次折弯的外侧面的距离，如图 3-44b 所示。

a）内侧   b）外侧

图 3-44 "参考高度"示意图

（3）内嵌：包括材料内侧、材料外侧和折弯外侧三种选项。

1）材料内侧：指二次折弯垂直于放置面的部分在轮廓面内侧，如图 3-45a 所示。

2）材料外侧：指二次折弯垂直于放置面的部分在轮廓面外侧，如图 3-45b 所示。

3）折弯外侧：指二次折弯垂直于放置面的部分和折弯部分都在轮廓面外侧，如图 3-45c 所示。

（4）延伸截面：勾选或取消勾选"延伸截面"复选框，可定义是否延伸直线轮廓到零件

的边。创建二次折弯时，如果直线轮廓没有达到零件边，则需要勾选"延伸截面"复选框，否则有可能不能创建二次折弯。

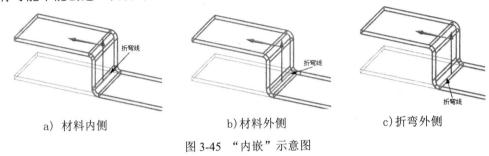

a) 材料内侧　　　　　　　　b) 材料外侧　　　　　　　　c) 折弯外侧

图 3-45 "内嵌"示意图

3.4.2 实例——挂钩

1. 创建钣金文件

选择"菜单(M)"→"文件(F)"→"新建(N)…"，或者单击"主页"选项卡"标准"面板中的"新建"按钮，打开"新建"对话框。在"模型"选项卡中选择"NX 钣金"模板，在"名称"文本框中输入"挂钩"，单击 **确定** 按钮，进入 UG NX 2011 钣金设计环境。

2. 预设置 NX 钣金参数

选择"菜单(M)"→"首选项(P)"→"钣金(H)…"，打开如图 3-46 所示的"钣金首选项"对话框，设置"材料厚度"为 3、"折弯半径"为 3、"让位槽深度"和"让位槽宽度"均为 3、"中性因子值"为 0.33，其他参数采用默认设置。

3. 创建基本突出块特征

1) 选择"菜单(M)"→"插入(S)"→"突出块(B)…"，或者单击"主页"选项卡"基本"面板上的"突出块"按钮，打开如图 3-47 所示的"突出块"对话框。

图 3-46 "钣金首选项"对话框

2）单击"绘制截面"按钮⬚，选取 XY 平面为草图绘制面，绘制轮廓草图，如图 3-48 所示。单击"完成"图标⬚，草图绘制完毕。

图 3-47 "突出块"对话框

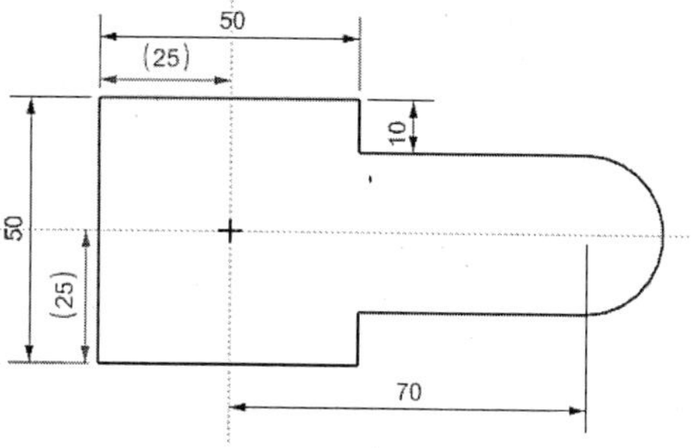

图 3-48 轮廓草图

3）在"突出块"对话框中单击⬚按钮，创建基本突出块特征，如图 3-49 所示。

图 3-49 创建基本突出块特征

4. 创建二次折弯 1

1）选择"菜单(M)"→"插入(S)"→"折弯(N)"→"二次折弯(O)...", 或者单击"主页"选项卡"折弯"面板上"更多"库中的"二次折弯"按钮⬚，打开如图 3-50 所示的"二次折弯"对话框。在"内嵌"下拉列表中选择"材料内侧"，在"参考高度"下拉列表中选择"内侧"，并设置"高度"为 20。

2）在"二次折弯"对话框中单击⬚图标，进入草图绘制界面，选择如图 3-51 所示的草图绘制面。

3）绘制如图 3-52 所示的轮廓草图。单击"完成"图标⬚，草图绘制完毕。

4）在"二次折弯"对话框中单击⬚按钮，创建如图 3-53 所示的二次折弯 1。

5. 创建二次折弯

1）选择"菜单(M)"→"插入(S)"→"折弯(N)"→"二次折弯(O)...", 或者单击"主页"选项卡"折弯"面板上"更多"库中的"二次折弯"按钮⬚，打开"二次折弯"对话框，在"参考高度"下拉列表中选择"外侧"，在"内嵌"下拉列表中选择"材料外侧"，取消勾选"延伸截面"复选框，并设置"高度"值为 20，如图 3-54 所示。

2）在"二次折弯"对话框中单击⬚图标，进入草图绘制界面，选择如图 3-55 所示的草图绘制面。

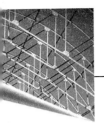

图 3-50 "二次折弯"对话框

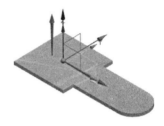

图 3-51 选择草图绘制面

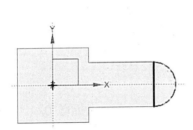

图 3-52 绘制轮廓草图

图 3-53 创建二次折弯

图 3-54 "二次折弯"对话框

图 3-55 选择草图绘制面

3）绘制如图 3-56 所示的轮廓草图。单击"完成"图标，草图绘制完毕。

4）在"二次折弯"对话框中单击 < 确定 > 按钮，创建如图 3-57 所示的二次折弯 2。

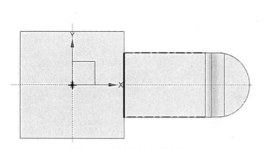

图 3-56 绘制轮廓草图

图 3-57 创建二次折弯 2

6．编辑二次折弯

1）在绘图区中选中如图 3-58 所示的二次折弯，双击，打开"二次折弯"对话框。

2）在"二次折弯"对话框中勾选"延伸截面"复选框，单击 < 确定 > 按钮，编辑后的二次折弯如图 3-59 所示。

图 3-58 选择二次折弯进行编辑

图 3-59 编辑后的二次折弯

3.5 折弯

使用折弯命令可以在钣金零件的平面区域上创建折弯特征。

选择"菜单(M)"→"插入(S)"→"折弯(N)"→"折弯(B)…"，或者单击"主页"选项卡"折弯"面板上的"折弯"按钮，打开如图 3-60 所示的"折弯"对话框。

3.5.1 选项及参数

1．折弯线

（1）绘制截面：在如"折弯"对话框中单击按钮，可以在零件表面所在平面上绘制

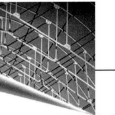

直线轮廓草图来创建折弯特征。

（2）曲线：用来选择已有的直线轮廓来创建折弯特征，如果选择平的面，则可在该草图上绘制直线轮廓草图。该选项在"折弯"对话框中为默认选项，即默认选中 按钮。

图 3-60 "折弯"对话框

2．折弯属性

（1）角度（即创建弯边特征的折弯角度）：可以在绘图区动态更改角度值或者在"折弯"对话框中输入角度值。

（2）内嵌：

1）外模线轮廓：指轮廓线表示平面静止区域和圆柱折弯区域之间连接的直线，在展开状态时折弯的圆柱区域和平面区域都分布在轮廓线的一侧。采用"外模线轮廓"选项创建的折弯特征如图 3-61 所示。

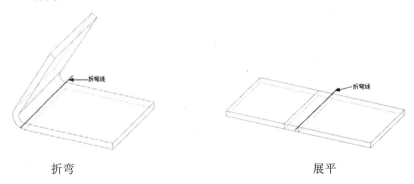

折弯　　　　　　　　　　　　　　展平

图 3-61 采用"外模线轮廓"选项创建折弯特征

2）折弯中心线轮廓：指轮廓线表示折弯中心线，在展开状态时折弯区域均匀分布在轮廓线两侧。采用"折弯中心线轮廓"选项创建的折弯特征如图 3-62 所示。

3）内模线轮廓：指轮廓线表示在展开状态时折弯的平面区域和圆柱区域之间连接的直线。

采用"内模线轮廓"选项创建的折弯特征如图 3-63 所示。

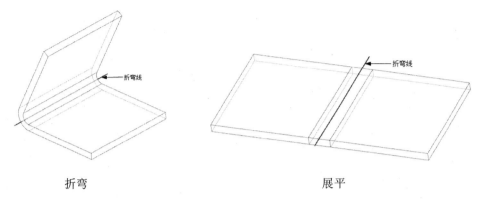

折弯   展平

图 3-62 采用"折弯中心线轮廓"选项创建折弯特征

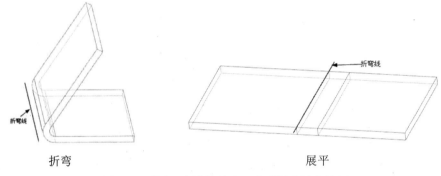

折弯   展平

图 3-63 采用"内模线轮廓"选项创建折弯特征

4）材料内侧：指在成形状态下轮廓线在平面区域外侧平面内，采用"材料内侧"选项创建的折弯特征如图 3-64 所示。

5）材料外侧：指在成形状态下轮廓线在平面区域内侧平面内，采用"材料外侧"选项创建折弯特征创建的折弯特征如图 3-65 所示。

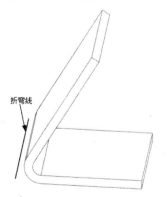 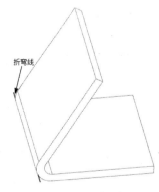

图 3-64 采用"材料内侧"选项创建折弯特征   图 3-65 采用"材料外侧"选项创建折弯特征

（3）延伸截面：勾选或取消勾选"延伸截面"复选框来定义是否延伸直线轮廓到零件的边，在如图 3-60 所示的"折弯"对话框可以设置延伸轮廓选项，采用"延伸截面"选项创建

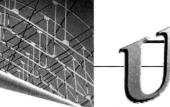

折弯特征如图 3-66 所示。

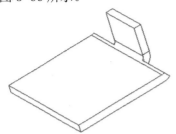
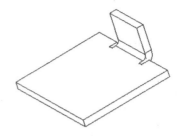

勾选"延伸截面"复选框　　　　　　　　取消勾选"延伸截面"复选框

图 3-66 采用"延伸截面"选项创建折弯特征

3．折弯参数和止裂口

"折弯"对话框中的"折弯参数"和"止裂口"选项组中参数的含义与 3.1.1 节中"弯边"对话框中的相同，在此不再赘述。

3.5.2 实例——挠件 1

1．创建钣金文件

选择"菜单(M)"→"文件(F)"→"新建(N)..."，或者单击"主页"选项卡"标准"面板中的"新建"按钮，打开"新建"对话框。在"模型"选项卡中选择"NX 钣金"模板。在"名称"文本框中输入"挠件 1"，单击 按钮，进入 UG NX 钣金设计环境。

2．预设置 NX 钣金参数

选择"菜单(M)"→"首选项(P)"→"钣金(H)..."，打开如图 3-67 所示的"钣金首选项"对话框，设置"材料厚度"为 3、"折弯半径"为 3、"让位槽深度"和"让位槽宽度"均为 3、"中性因子值"为 0.33，其他参数采用默认设置。

3．创建基本突出块特征

1）选择"菜单(M)"→"插入(S)"→"突出块(B)..."，或者单击"主页"选项卡"基本"面板上的"突出块"按钮，打开如图 3-68 所示的"突出块"对话框。

2）单击按钮，选取 XY 平面为草图绘制面，绘制轮廓草图，如图 3-69 所示。单击"完成"图标，草图绘制完毕。

3）在"突出块"对话框中单击<确定>按钮，创建基本突出块特征，如图 3-70 所示。

4．创建折弯特征 1

1）选择"菜单(M)"→"插入(S)"→"折弯(N)"→"折弯(B)..."，或者单击"主页"选项卡"折弯"面板上的"折弯"按钮，打开如图 3-71 所示的"折弯"对话框。设置"角度"为 90，在"内嵌"下拉列表中选择"材料内侧"，取消勾选"延伸截面"复选框，其他选项采用默认设置。

图 3-67 "钣金首选项"对话框

图 3-68 "突出块"对话框

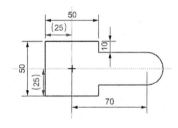

图 3-69 绘制轮廓草图

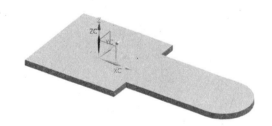

图 3-70 创建基本突出块特征

图 3-71 "折弯"对话框

2）在"折弯"对话框中单击按钮，进入草图绘制界面，选择如图 3-72 所示的草图绘制面。

3）绘制如图 3-73 所示的轮廓草图。单击"完成"图标 🏁，草图绘制完毕。

4）在"折弯"对话框中单击 < 确定 > 按钮，创建如图 3-74 所示的折弯特征 1。

5．创建折弯特征 2

1）选择"菜单(M)"→"插入(S)"→"折弯(N)"→"折弯(B)…"，或者单击"主页"选项卡"折弯"面板上的"折弯"按钮 ✈，打开如图 3-75 所示的"折弯"对话框。设置"角度"为 45°，在"内嵌"下拉列表中选择"折弯中心线轮廓"，取消勾选"延伸截面"复选框，其他选项采用默认设置。

图 3-72 选择草图绘制面

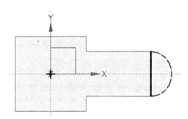

图 3-73 绘制轮廓草图

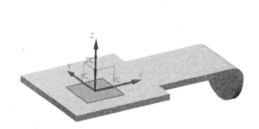

图 3-74 创建折弯特征 1

图 3-75 "折弯"对话框

2）在"折弯"对话框中单击 ✐ 按钮，进入草图绘制界面，选择 XY 面作为草图绘制面，绘制如图 3-76 所示的轮廓草图。单击"完成"图标 🏁，草图绘制完毕

3）在"折弯"对话框中单击 < 确定 > 按钮，创建如图 3-77 所示的折弯特征。

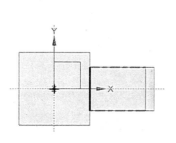

图 3-76　绘制轮廓草图

图 3-77　创建折弯特征 2

3.6 折边

　　折边是在现有钣金的边线上添加不同的形状。

　　选择"菜单(M)"→"插入(S)"→"折弯(N)"→"折边(H)...",或者单击"主页"选项卡"折弯"面板上"更多"库中的"折边"按钮，打开如图 3-78 所示的"折边"对话框。

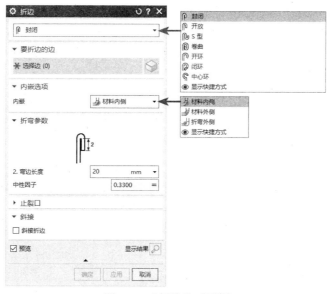

图 3-78　"折边"对话框

3.6.1 选项及参数

1. "类型"选项组

用于选择折边的类型，包括：

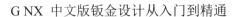

（1）封闭：选择此类型，在如图 3-79 所示的"折弯参数"选项组中输入相关参数，结果如图 3-80 所示。

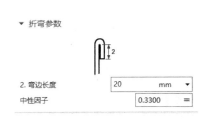

图 3-79 设置"封闭"折弯参数　　　　　　　　图 3-80 "封闭"示意图

（2）开放：选择此类型，在如图 3-81 所示的"折弯参数"选项组中输入相关参数，结果如图 3-82 所示。

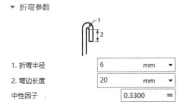

图 3-81 设置"开放"折弯参数　　　　　　　　图 3-82 "开放"示意图

（3）S 型：选择此类型，在如图 3-83 所示的"折弯参数"选项组中输入相关参数，结果如图 3-84 所示。

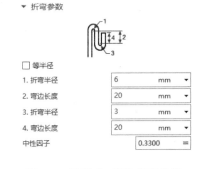

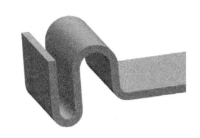

图 3-83 设置"S 型"折弯参数　　　　　　　　图 3-84 "S 型"示意图

（4）卷曲：选择此类型，在如图 3-85 所示的"折弯参数"选项组中输入相关参数（注意："1.折弯半径"必须大于或等于"3.折弯半径"加上材料厚度的一半），结果如图 3-86 所示。

（5）开环：选择此类型，在如图 3-87 所示的"折弯参数"选项组中输入相关参数，结果如图 3-88 所示。

（6）闭环：选择此类型，在如图 3-89 所示的"折弯参数"选项组中输入相关参数，示意图如图 3-90 所示。

（7）中心环：选择此类型，在如图 3-91 所示的"折弯参数"选项组中输入相关参数，结果如图 3-92 所示。

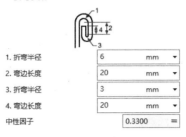

图 3-85 设置"卷曲"折弯参数

图 3-86 "卷曲"示意图

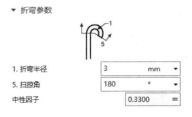

图 3-87 设置"开环"折弯参数

图 3-88 "开环"示意图

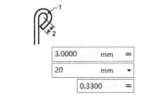

图 3-89 设置"闭环"折弯参数

图 3-90 "闭环"示意图

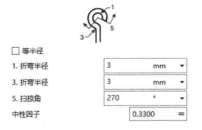

图 3-91 设置"中心环"折弯参数

图 3-92 "中心环"示意图

2. "内嵌"下拉列表

（1）材料内侧：指折边垂直于放置面的部分在轮廓面内侧，如图 3-93a 所示。

（2）材料外侧：指折边垂直于放置面的部分在轮廓面外侧，如图 3-93b 所示。

（3）折弯外侧：指折边的弯边区域在折弯边的外侧，如图 3-93c 所示。

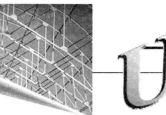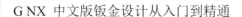

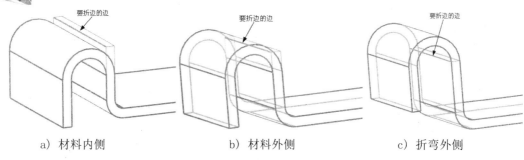

a) 材料内侧　　　　　　　　　b) 材料外侧　　　　　　　　　c) 折弯外侧

图 3-93 设置"内嵌选项"示意图

3．"斜接"选项组

用于定义折边的斜接类型。勾选"斜接折边"复选框，可激活"斜接角度"文本框，"斜接折边"示意图如图 3-94 所示。

图 3-94 "斜接折边"示意图

3.6.2 实例——基座

1．创建钣金文件

选择"菜单(M)"→"文件(F)"→"新建(N)…"，或者单击"主页"选项卡"标准"面板中的"新建"按钮，打开"新建"对话框。在"模型"选项卡中选择"NX 钣金"模板，在"名称"文本框中输入"基座"，单击 确定 按钮，进入 UG NX 钣金设计环境。

2．预设置 NX 钣金参数

1）选择"菜单(M)"→"首选项(P)"→"钣金(H)…"，打开如图 3-95 所示的"钣金首选项"对话框。

2）设置"全局参数"选项组中的"材料厚度"为 0.4、"折弯半径"为 5，设置"方法"为"公式"、"公式"为"折弯许用半径"。

3）单击"确定"按钮，完成 NX 钣金参数预设置。

3．创建突出块特征

1）选择"菜单(M)"→"插入(S)"→"突出块(B)…"，或者单击"主页"选项卡"基本"面板上的"突出块"按钮，打开如图 3-96 所示的"突出块"对话框。

2）在"类型"下拉列表框中选择"基本"，单击"绘制截面" 按钮，打开如图 3-97 所示的"创建草图"对话框。设置 XY 平面为草图绘制面，单击 确定 按钮，进入草图绘制环境，绘制如图 3-98 所示的草图。单击"完成"图标，草图绘制完毕。

3）在"厚度"文本框中输入 0.4。单击 <确定> 按钮，创建突出块特征，如图 3-99 所示。

图 3-95 "钣金首选项"对话框　　　　图 3-96 "突出块"对话框

4．创建弯边特征

1）选择"菜单(M)"→"插入(S)"→"折弯(N)"→"弯边(F)..."，或者单击"主页"选项卡"基本"面板上的"弯边"按钮 📎，打开如图 3-100 所示"弯边"对话框。

2）设置"宽度选项"为"完整"、"长度"为 28、"角度"为 90、"参考长度"为"外侧"、"内嵌"为"折弯外侧"、"折弯半径"为 5，在"止裂口"选项组中的"折弯止裂口"和"拐角止裂口"的下拉列表中均选择"无"。

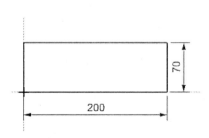

图 3-97 "创建草图"对话框　　　　图 3-98 绘制草图

3）选择弯边，同时在绘图区预览所创建的弯边，如图 3-101 所示。

4）单击 应用 按钮，创建弯边特征 1，如图 3-102 所示。

5）在对话框中，设置"宽度选项"为"完整"、"长度"为 28、"角度"为 90、"参考长度"为"外侧"、"内嵌"为"折弯外侧"、"折弯半径"为 5，在"止裂口"选项组中的"折弯止裂口"和"拐角止裂口"的下拉列表框中均选择"无"。

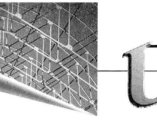

图 3-100 "弯边"对话框

图 3-99 创建突出块特征

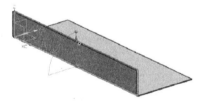

图 3-101 预览所创建的弯边

图 3-102 创建弯边特征 1

6）选择弯边，同时在绘图区预览所创建的弯边，如图 3-103 所示。

7）单击 确定 按钮，创建弯边特征 2，如图 3-104 所示。

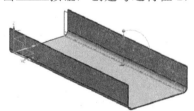

图 3-103 预览所创建的弯边

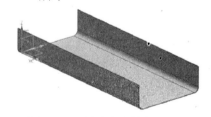

图 3-104 创建弯边特征 2

5．创建折边特征

1）选择"菜单(M)"→"插入(S)"→"折弯(N)"→"折边(H)..."，或者单击"主页"
选项卡"折弯"面板上"更多"库中的"折边"按钮 ，打开如图 3-105 所示的"折边"

对话框。

2）选择"开放"类型，设置"内嵌"为"材料内侧"、"1. 折弯半径"为 2、"2. 弯边长度"为 2、"折弯止裂口"为"无"。

3）在绘图区中选择弯边，如图 3-106 所示。单击 应用 按钮，创建折边特征 1。

图 3-105 "折边"对话框

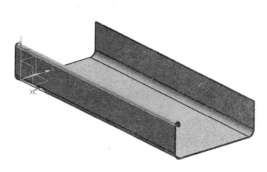

图 3-106 选择弯边

4）在绘图区中选择弯边，如图 3-107 所示。单击 确定 按钮，创建折边特征 2，如图 3-108 所示。

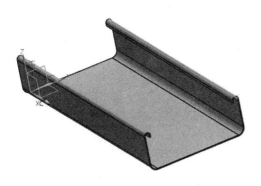

图 3-107 选择弯边

图 3-108 创建折边特征 2

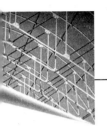
3.7 桥接折弯

使用桥接折弯命令，可以通过连接两个不同钣金实体上的两条边（两条边不得重合或共线）来创建过渡的几何实体，然后再将所有实体进行合并。

选择"菜单(M)"→"插入(S)"→"折弯(N)"→"桥接折弯(D)…"，或者单击"主页"选项卡"折弯"面板上"更多"库下"桥接折弯"按钮 ，打开如图 3-109 所示的"桥接折弯"对话框。

1. 类型

（1）Z 或 U 过渡：创建一个 Z 形或 U 形的桥接折弯特征，如图 3-110 所示。

（2）折起过渡：创建一个折起桥接折弯特征，如图 3-111 所示。选择的边缘必须是处于相同平面区域内。

2. 过渡边

（1）选择起始边：是指为钣金桥接特征指定的与钣金桥接特征相切的一个边。

图 3-109 "桥接折弯"对话框

Z 形桥接折弯

U 形桥接折弯

图 3-110 Z 形或 U 形过渡

（2）选择终止边：是指在创建钣金桥接时，为钣金桥接特征指定的、钣金桥接特征与基本面相邻的一个或者多个曲线。

图 3-111 折起过渡

3. 宽度选项

（1）有限：使用指定的宽度，在起始边上指定点的一侧创建桥接折弯，示意图如图 3-112 所示。

（2）对称：使用指定的宽度，在起始边上指定点的两侧对称分布指定的宽度值来创建桥接折弯，示意图如图 3-113 所示。

（3）完整起始边：创建宽度与起始边相等的桥接折弯，示意图如图 3-114 所示。

（4）完整终止边：创建宽度与终止边相等的桥接折弯，示意图如图 3-115 所示。

（5）完整的起始和终止边：创建跨越起始边宽度和终止边宽度的桥接折弯，示意图如图 3-116 所示。

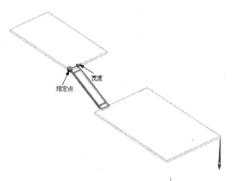

图 3-112 "有限"示意图

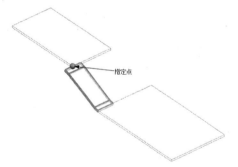

图 3-113 "对称"示意图

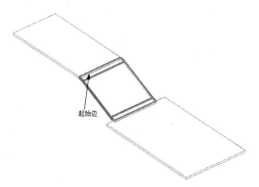

图 3-114 "完整起始边"示意图

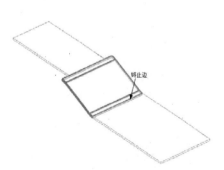

图 3-115 "完整终止边"示意图

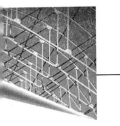

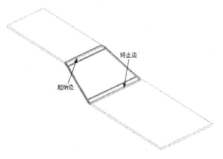

图 3-116 "完整的起始边和终止边"示意图

3.8 综合实例——合页

首先利用突出块命令创建基本钣金件，然后利用折弯命令创建合页扣，再利用孔命令创建孔完成左侧合页，最后在左侧合页的基础上修改尺寸创建右侧合页。创建完成的合页如图3-117所示。

图 3-117 合页

1．创建 NX 钣金文件

选择"菜单(M)"→"文件(F)"→"新建(N)..."，或者单击"主页"选项卡"标准"面板中的"新建"按钮，打开"新建"对话框。在"模板"中选择"NX 钣金"，在"名称"文本框中输入"左侧合页"，在"文件夹"文本框中输入保存路径，单击 确定 按钮，进入 UG NX 钣金设计环境。

2．钣金参数预设置

1）选择"菜单(M)"→"首选项(P)"→"钣金(H)..."，打开如图 3-118 所示的"钣金首选项"对话框。

2）在"全局参数"选项组中设置"材料厚度"为1、"折弯半径"为2；在"方法"下拉列表中选择"公式"，在"公式"下拉列表中选择"折弯许用半径"。

3）单击 确定 按钮，完成 NX 钣金参数预设置。

3．创建突出块特征

1）选择"菜单(M)"→"插入(S)"→"突出块(B)..."，或者单击"主页"选项卡"基本"面板上的"突出块"按钮 ，打开如图 3-119 所示的"突出块"对话框。

图 3-118 "钣金首选项"对话框

2）在"类型"下拉列表中选择"基本"，单击"截面"选项组中的 按钮，打开如图 3-120 所示的"创建草图"对话框。

图 3-119 "突出块"对话框

图 3-120 "创建草图"对话框

3）在绘图区选择 XY 平面为草图绘制面，单击"创建草图"对话框中的 确定 按钮，进入草图绘制环境，绘制如图 3-121 所示的草图。

4）单击"完成"图标 ，草图绘制完毕。在绘图区预览所创建的突出块特征如图 3-122 所示。

5）在"突出块"对话框中单击 确定 按钮，创建突出块特征，如图 3-123 所示。

4．创建折弯

1）选择"菜单(M)"→"插入(S)"→"折弯(N)"→"折弯(B)..."，或者单击"主页"

选项卡"折弯"面板上的"折弯"按钮 ，打开如图 3-124 所示的"折弯"对话框。

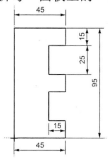

图 3-121　绘制草图

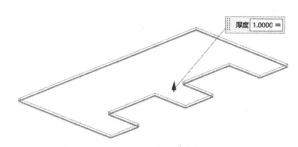

图 3-122　预览显示所创建的突出块特征

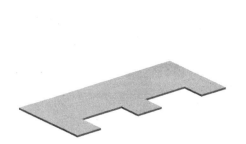

图 3-123　创建突出块特征

图 3-124　"折弯"对话框

2）在"折弯"对话框中单击 图标，打开"创建草图"对话框。在绘图区中选择草图工作平面，如图 3-125 所示。

3）进入草图设计环境，绘制如图 3-126 所示的折弯线。

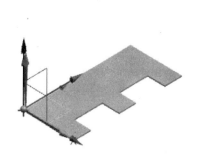

图 3-125　选择草图工作平面

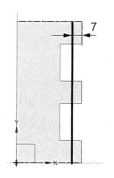

图 3-126　绘制折弯线

4）单击"完成"图标 ，草图绘制完毕。在绘图区预览所创建的折弯特征如图 3-127

所示。

5）在"折弯"对话框中，在"角度"文本框中输入 280，在"内嵌"下拉列表中选择"折弯中心线轮廓"，在"折弯半径"文本框中输入 2。单击 <确定> 按钮，创建折弯特征，如图 3-128 所示。

图 3-127　预览所创建的折弯特征

图 3-128　创建折弯特征

5. 创建埋头孔特征

1）选择"菜单(M)"→"插入(S)"→"设计特征(E)"→"孔(H)…"，或者单击"主页"选项卡"建模"面板中"更多"库中的"孔"按钮 ，打开如图 3-129 所示的"孔"对话框。设置"类型"为"埋头"，在"孔径""埋头直径""埋头角度"文本框中分别输入 4、5 和 90，设置"深度限制"为"贯通体"。

2）单击"绘制截面"按钮 ，打开"创建草图"对话框，选择如图 3-130 所示的平面为草图绘制面。

3）打开"草图点"对话框，绘制如图 3-131 所示的点。单击"完成"图标 ，草图绘制完毕。

图 3-129　"孔"对话框

图 3-130　选择放置面

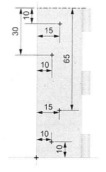

图 3-131　绘制点

4）系统自动捕捉绘制的点，预览所创建的孔，如图 3-132 所示。

5）单击 < 确定 > 按钮，完成埋头孔的创建，结果如图 3-133 所示，然后将文件进行保存。

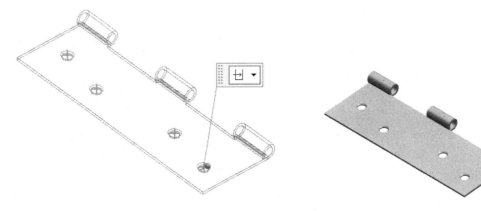

图 3-132　预览所创建的孔　　　　　　　　图 3-133　创建埋头孔

6．另存为 NX 钣金文件

选择"菜单(M)"→"文件(F)"→"另存为(A)..."，打开"另存为"对话框，如图 3-134 所示。在"文件名(N)"文本框中输入"右侧合页"，单击 确定 按钮。

7．抑制折弯特征

1）单击绘图区左侧的 图标，打开如图 3-135 所示的"部件导航器"。

2）在"部件导航器"中的"SB 折弯(2)"特征上右击，在弹出的快捷菜单中单击"抑制(S)"。在绘图区显示的钣金零件体如图 3-136 所示。

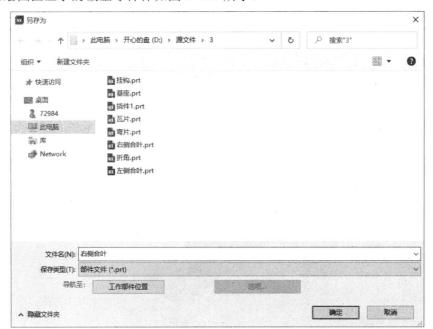

图 3-134　"另存为"对话框

8．编辑突出块特征

1）单击绘图区左侧的图标，打开如图 3-135 所示的"部件导航器"。在"SB 突出块 (1)"特征上右击，弹出如图 3-137 所示的快捷菜单。

图 3-135 "部件导航器"对话框

图 3-136 钣金零件体

2）在如图 3-137 所示的快捷菜单中单击"编辑参数(P)..."命令，打开如图 3-138 所示的"突出块"对话框。

3）在"突出块"对话框中单击 按钮，进入草图设计环境，绘制如图 3-139 所示的草图。

4）单击"完成"图标，草图绘制完毕，返回"突出块"对话框，同时绘图区显示如图 3-140 所示所编辑的"突出块"特征预览。

5）在"突出块"对话框中单击 确定 按钮，完成突出块特征的编辑，如图 3-141 所示。

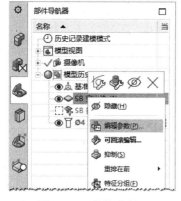

图 3-137 快捷菜单

图 3-138 "突出块"对话框

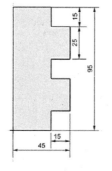

图 3-139 绘制草图

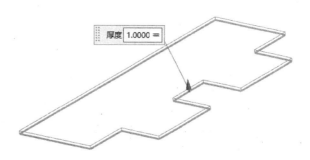

图 3-140 预览显示所编辑的突出块特征

9. 创建折弯特征

1）选择"菜单(M)"→"插入(S)"→"折弯(N)"→"折弯(B)..."，或者单击"主页"选项卡"折弯"面板上的"折弯"按钮 ，打开如图 3-124 所示的"折弯"对话框。

2）在"折弯"对话框中单击 按钮，打开"创建草图"对话框。

3）在绘图区中选择草图绘制面，如图 3-142 所示。

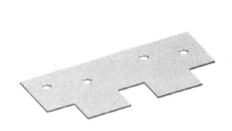

图 3-141　完成突出块特征编辑

图 3-142　选择草图绘制面

4）单击 按钮，进入草图绘制环境，绘制如图 3-143 所示的折弯线。

5）单击"完成"图标 ，草图绘制完毕。在绘图区显示如图 3-144 所示所创建的折弯特征预览。

6）在"折弯"对话框中，在"角度"文本框中输入 280，在"内嵌"下拉列表中选择"折弯中心线轮廓"，在"折弯半径"文本框中输入 2。单击 按钮，创建折弯特征，如图 3-145 所示。

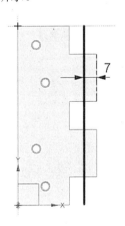

图 3-143　绘制折弯线

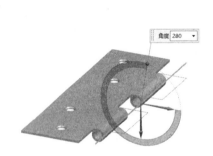

图 3-144　预览显示所创建的折弯特征

图 3-145　创建折弯特征

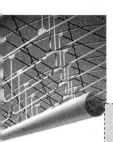

第4章

冲孔

本章主要介绍了冲孔特征的创建方法和过程。

重点与难点

- 冲压开孔
- 凹坑
- 百叶窗
- 筋
- 实体冲压
- 加固板

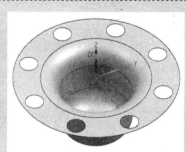

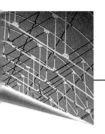

4.1 冲压开孔

冲压开孔是指用一组连续的曲线作为裁剪的轮廓线,沿着钣金零件表面的法向进行裁剪,同时在轮廓线上建立弯边的过程。

选择"菜单(S)"→"插入(S)"→"冲孔(H)"→"冲压开孔(C)...",或者单击"主页"选项卡"凸模"面板上"更多"库中的"冲压开孔"按钮◈,打开如图 4-1 所示的"冲压开孔"对话框。

图 4-1 "冲压开孔"对话框

4.1.1 选项及参数

1. "截面"选项组

(1)绘制截面:在"冲压开孔"对话框中单击图标,可以在钣金零件放置面上绘制轮廓线草图来创建冲压开孔特征。

(2)曲线:用来指定使用已有的轮廓线来创建冲压开孔特征,如果将选择意图规则设置为"自动判断曲线"时选择平的面,则会打开草图,用于在该面上绘制新轮廓线的草图。在图 4-1"冲压开孔"对话框中为默认选项,即默认选中图标。

2. "开孔属性"选项组

（1）深度：指钣金零件放置面到弯边底部的距离。

（2）侧角：指弯边在钣金零件放置面法向倾斜的角度。

（3）侧壁：

1）材料内侧：指冲压开孔特征所生成的弯边位于轮廓线内部，如图 4-2a 所示。

2）材料外侧：指冲压开孔特征所生成的弯边位于轮廓线外部，如图 4-2b 所示。

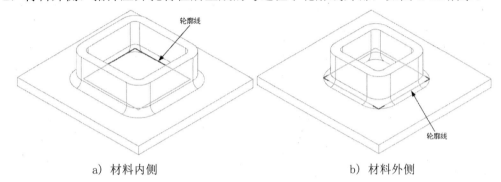

a）材料内侧　　　　　　　　　　　　　　b）材料外侧

图 4-2 "侧壁"选项示意图

3．"设置"选项组

（1）倒圆冲压开孔：勾选此复选框，激活"冲模半径"文本框，冲模半径是指钣金零件放置面转向折弯部分内侧圆柱面半径的大小，如图 4-3b 所示。

（2）倒圆截面拐角：勾选此复选框，激活"拐角半径"文本框，拐角半径是指圆柱面截面拐角半径的大小，如图 4-3c 所示。

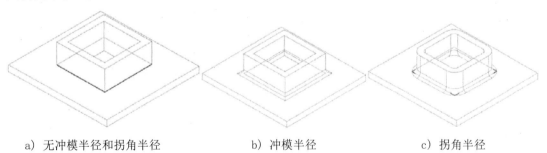

a）无冲模半径和拐角半径　　　　　b）冲模半径　　　　　c）拐角半径

图 4-3 冲模半径和拐角半径

4.1.2 实例——开孔件

1. 创建钣金文件

选择"菜单(M)"→"文件(F)"→"新建(N)..."，或者单击"主页"选项卡"标准"面板中的"新建"按钮，打开"新建"对话框。在"模型"选项卡中选择"NX 钣金"模板，在"名称"文本框中输入"开孔件"，单击 确定 按钮，进入 UG NX 钣金设计环境。

2. 创建基本突出块特征

1）选择"菜单(<u>M</u>)"→"插入(<u>S</u>)"→"突出块(<u>B</u>)...",或者单击"主页"选项卡"基本"面板上的"突出块"按钮,打开如图 4-4 所示的"突出块"对话框。

2）在"突出块"对话框中单击图标,绘制基本突出块特征轮廓草图,如图 4-5 所示。单击"完成"图标,草图绘制完毕。

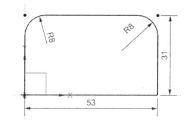

图 4-4 "突出块"对话框   图 4-5 绘制基本突出块特征轮廓草图

3）在"突出块"对话框中输入"厚度"为 1,单击 <u>确定</u> 按钮,创建基本突出块特征,如图 4-6 所示。

3．创建冲压开孔特征

（1）选择"菜单(<u>M</u>)"→"插入(<u>S</u>)"→"冲孔(<u>H</u>)"→"冲压开孔(<u>C</u>)...",或者单击"主页"选项卡"凸模"面板上"更多"库中的"冲压开孔"按钮,打开如图 4-7 所示"冲压开孔"对话框。设置"深度"为 10、"侧角"为 30、"侧壁"为"材料内侧",勾选"倒圆冲压开孔"和"倒圆截面拐角"复选框,输入"冲模半径"和"拐角半径"均为 2。

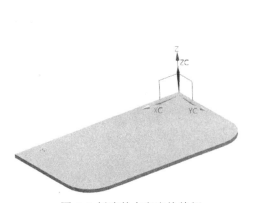

图 4-6 创建基本突出块特征   图 4-7 "冲压开孔"对话框

2）单击图标,选择如图 4-8 所示的面为草图绘制面,绘制轮廓曲线,如图 4-9 所示。

3）单击"完成"图标,草图绘制完毕。

图 4-8 选择草图绘制面

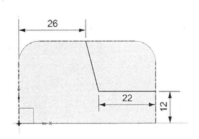
图 4-9 绘制轮廓曲线

4）在"冲压开孔"对话框中单击 <按钮 按钮，创建冲压开孔特征，如图 4-10 所示。

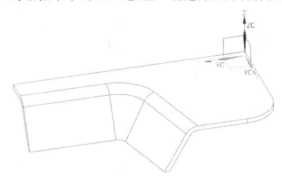

图 4-10 创建冲压开孔特征

4.2 凹坑

凹坑是指用一组连续的曲线作为成形面的轮廓线，沿着钣金零件表面的法向，同时在轮廓线上建立的一种成形特征。它和冲压开孔有一定的相似之处，不同的是凹坑不裁剪由轮廓线生成的平面。

选择"菜单(M)"→"插入(S)"→"冲孔(H)"→"凹坑(D)..."，或者单击"主页"选项卡"凸模"面板上的"凹坑"按钮 ，打开如图 4-11 所示的"凹坑"对话框。

4.2.1 选项及参数

1．"截面"选项组

（1）绘制截面：在图 4-11"凹坑"对话框中单击 按钮，可以在钣金零件放置面上绘制轮廓线草图来创建凹坑特征。

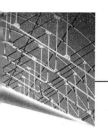

图 4-11 "凹坑"对话框

（2）曲线：用来指定使用已有的轮廓线来创建凹坑特征，如果将选择意图规则设置为"自动判断曲线"时选择平的面，则会打开草图，用于在该面上绘制新轮廓线的草图。在图 4-11 "凹坑"对话框中为默认选项，即默认选中 按钮。

2．"凹坑属性"选项组

（1）深度：指钣金零件放置面到弯边底部的距离，通过 ☒ 按钮可以改变凹坑的方向，如图 4-12 所示。

（2）侧角：指弯边在钣金零件放置面法向倾斜的角度。

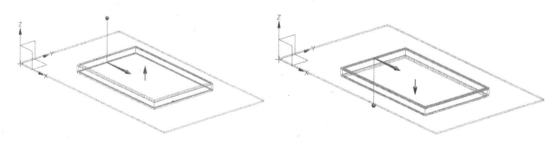

图 4-12 切换凹坑的方向

（3）侧壁：

1）材料内侧：指凹坑特征所生成的弯边位于轮廓线内部，如图 4-13a 所示；

2）材料外侧：指凹坑特征所生成的弯边位于轮廓线外部，如图 4-13b 所示。

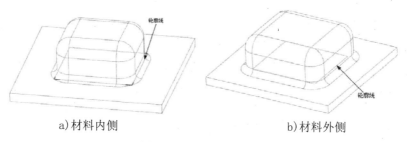

a)材料内侧　　　　　　　　　　　　b)材料外侧

图 4-13　"侧壁"示意图

4.2.2 实例——盆栽放置架

1. 创建 NX 钣金文件

选择"菜单(M)"→"文件(F)"→"新建(N)...",或者单击"主页"选项卡"标准"面板中的"新建"按钮，打开"新建"对话框。在"模板"中选择"NX 钣金",在"名称"文本框中输入"盆栽放置架",在"文件夹"文本框中输入保存路径,单击 确定 按钮进入 UG NX 钣金设计环境。

2. 钣金参数预设置

1) 选择"菜单(M)"→"首选项(P)"→"钣金(H)...",打开如图 4-14 所示的"钣金首选项"对话框。

2) 在 "全局参数"选项组中设置"材料厚度"为 0.8、"折弯半径"为 1.5,在"方法"下拉列表中选择"公式",在"公式"下拉列表中选择"折弯许用半径"。

3) 单击 确定 按钮,完成 NX 钣金参数预设置。

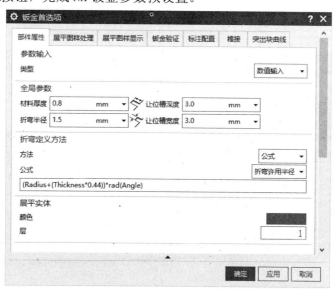

图 4-14　"钣金首选项"对话框

3．创建突出块特征

1）选择"菜单（M）"→"插入（S）"→"突出块（B）…"，或者单击"主页"选项卡"基本"面板上的"突出块"按钮◇，打开如图4-15所示的"突出块"对话框。

2）在"类型"下拉列表中选择"基本"，单击"绘制截面"按钮◇，打开如图4-16所示的"创建草图"对话框。

图4-15 "突出块"对话框

图4-16 "创建草图"对话框

3）选择 XY 平面为草图绘制面，单击 **确定** 按钮，进入草图绘制环境，绘制如图4-17所示的草图。

4）单击"完成"图标▨，草图绘制完毕在绘图区显示如图4-18所示创建的突出块特征预览。

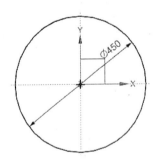

图4-17 绘制草图

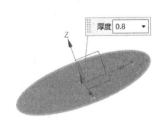

图4-18 预览所创建的突出块特征

5）在如图4-15所示对话框中单击 **确定** 按钮，创建突出块特征，如图4-19所示。

图4-19 创建突出块特征

4．创建凹坑特征

（1）选择"菜单(M)"→"插入(S)"→"冲孔(H)"→"凹坑(D)…"，或者单击"主页"选项卡"凸模"面板上的"凹坑"按钮 ，打开如图 4-20 所示的"凹坑"对话框。

图 4-20 "凹坑"对话框

2）单击"绘制截面"按钮 ，打开如图 4-16 所示的"创建草图"对话框。

3）在绘图区中选择如图 4-21 所示的平面为草图绘制面，单击 确定 按钮，进入草图绘制环境，绘制如图 4-22 所示的草图。

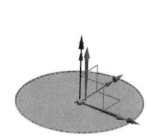

图 4-21 选择草图工作平面

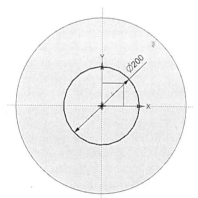

图 4-22 绘制草图

4）单击"完成"图标 ，草图绘制完毕。在绘图区显示如图 4-23 所示所创建的凹坑特征预览。

5）在如图 4-20 所示的对话框中，设置"深度"为 180、"侧角"为 0、"侧壁"为"材料内侧"，勾选"倒圆凹坑边"复选框，设置"冲压半径"和"冲模半径"均为 50。单击 确定 按钮，创建凹坑特征，如图 4-24 所示。

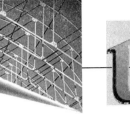

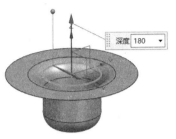

图 4-23 预览所创建的凹坑特征

图 4-24 创建凹坑特征

5．创建拉伸特征

1）选择"菜单(M)"→"插入(S)"→"切割(T)"→"拉伸(X)…"，或者单击"主页"选项卡"建模"面板上的"拉伸"按钮 ，打开如图 4-25 所示的"拉伸"对话框。

2）单击"绘制截面"按钮 ，打开"创建草图"对话框。

3）在绘图区选择草图创建面，如图 4-26 所示。

4）在"创建草图"对话框中单击 确定 按钮，进入草图设计环境，绘制如图 4-27 所示的草图。

图 4-25 "拉伸"对话框

图 4-26 选择草图工作平面

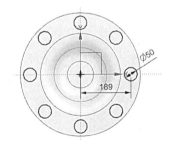

图 4-27 绘制草图

5）单击"完成"图标 ，草图绘制完毕。返回如图 4-25 所示的对话框，设置拉伸方向为-ZC 轴，设置"终止"为"直至下一个"，在绘图区预览所创建的拉伸切除特征，如图 4-28 所示。

6）在如图 4-25 所示的对话框中单击 确定 按钮，创建拉伸特征，如图 4-29 所示。

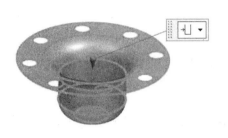

图 4-28 预览所创建的拉伸切除特征

图 4-29 创建拉伸切除特征

4.3 百叶窗

百叶窗功能可在钣金零件平面上创建通风窗。

选择"菜单(M)"→"插入(S)"→"冲孔(H)"→"百叶窗(L)…",或者单击"主页"选项卡"凸模"面板上的"百叶窗"按钮，打开如图 4-30 所示的"百叶窗"对话框。

图 4-30 "百叶窗"对话框

4.3.1 选项及参数

1. "切割线"选项组

（1）绘制截面：在"百叶窗"对话框中单击 按钮，可以选择零件平面作为参考平面绘制直线草图作为百叶窗特征的轮廓线来创建百叶窗特征。

（2）曲线：用来指定使用已有的单一直线作为百叶窗特征的轮廓线来创建百叶窗特征，

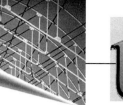
如果选择平的面，则会打开草图，用于在该面上绘制直线轮廓草图。在图 4-20 对话框中为默认选项，即默认选中 按钮。

2．"百叶窗属性"选项组

（1）深度：指最外侧点距钣金零件表面(百叶窗特征一侧)的距离。在如图 4-30 所示的对话框中或者在绘图区可以更改深度值。深度必须小于或等于宽度减去材料厚度。百叶窗参数示意图如图 4-31 所示。

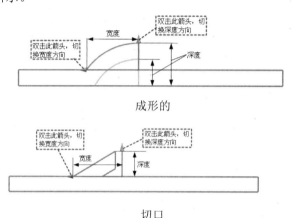

图 4-31 百叶窗参数示意图

（2）宽度：指在钣金零件表面投影轮廓的宽度，在如图 4-30 所示的对话框中或者在绘图区可以更改宽度值。

（3）百叶窗形状：

1）成形的：用来创建如图 4-32 所示的成形的百叶窗特征。

2）冲裁的：用来创建如图 4-33 所示的冲裁的百叶窗特征。

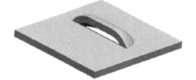 

图 4-32 成形的百叶窗特征　　　　　　　　　图 4-33 冲裁的百叶窗特征

3．"设置"选项组

勾选"圆角百叶窗边"复选框后，激活"冲模半径"文本框，可以根据需要设置冲模半径。圆角百叶窗边特征如图 4-34 所示。

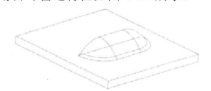 

成形的　　　　　　　　　　　　　　　　　冲裁的

图 4-34 圆角百叶窗边特征

4.3.2 实例——百叶窗

1. 创建钣金文件`

选择"菜单(M)"→"文件(F)"→"新建(N)...",或者单击"主页"选项卡"标准"面板中的"新建"按钮,打开"新建"对话框。在"模型"选项卡中选择"NX 钣金"模板,在"名称"文本框中输入"百叶窗",单击 确定 按钮,进入 UG NX 钣金设计环境。

2. 预设置 NX 钣金参数

选择"菜单(M)"→"首选项(P)"→"钣金(H)...",打开如图 4-35 所示的"钣金首选项"对话框,设置"材料厚度""折弯半径""让位槽深度"和"让位槽宽度"均为 3、"中性因子"为 0.33,其他参数采用默认设置。

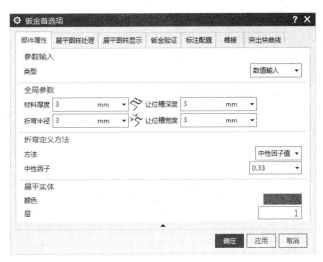

图 4-35 "钣金首选项"对话框

3. 创建基本突出块特征

1)选择"菜单(M)"→"插入(S)"→"突出块(B)...",或者单击"主页"选项卡"基本"面板上的"突出块"按钮,打开"突出块"对话框。单击图标,选择 XY 平面为草图绘制面,绘制基本突出块特征轮廓草图,如图 4-36 所示。单击"完成"图标,草图绘制完毕。

2)采用默认拉伸方向,厚度设置为 3,在对话框中单击< 确定 >按钮,创建基本突出块特征,如图 4-37 所示。

4. 创建冲裁的百叶窗特征

1)选择"菜单(M)"→"插入(S)"→" 冲孔(H)"→"百叶窗(L)...",或者单击"主页"选项卡"凸模"面板上的"百叶窗"按钮,打开"百叶窗"对话框,单击图标,选择如图 4-38 所示的平面作为草图绘制面。

2)绘制百叶窗特征轮廓草图,如图 4-39 所示。单击"完成"图标,草图绘制完毕。

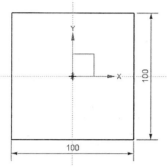

图 4-36 绘制基本突出块特征轮廓草图

图 4-37 创建基本突出块特征

图 4-38 选择草图绘制平面

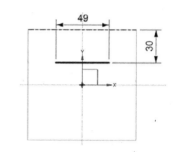

图 4-39 绘制百叶窗特征轮廓草图

3）在"百叶窗"对话框中设置"百叶窗形状"为"冲裁的"，在绘图区输入"宽度"为15、"深度"为8，如图 4-40 所示。

4）在"百叶窗"对话框中单击 < 确定 > 按钮，创建冲裁的百叶窗特征，如图 4-41 所示。

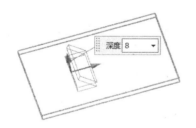

图 4-40 设置冲裁的百叶窗参数

图 4-41 创建冲裁的百叶窗特征

5. 创建成形的百叶窗特征

1）选择"菜单(M)"→"插入(S)"→"冲孔(H)"→"百叶窗(L)..."，或者单击"主页"选项卡"凸模"面板上的"百叶窗"按钮 ◇ ，打开"百叶窗"对话框。单击 ◎ 图标，选择如图 4-42 所示的平面作为成形的百叶窗特征轮廓绘制面。

2）绘制成形的百叶窗特征轮廓草图，如图 4-43 所示。单击"完成"图标 ▶ ，草图绘制完毕。

3）在"百叶窗"对话框中设置"百叶窗形状"为"成形的"，在绘图区输入宽度为10、深度为5，如图 4-44 所示。

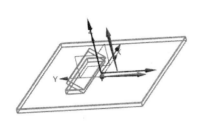

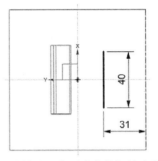

图 4-42 成形的百叶窗特征轮廓绘制面　　　图 4-43 绘制成形的百叶窗特征轮廓线草图

4）在"百叶窗"对话框中单击宽度⊠按钮，更改宽度方向，如图 4-45 所示。

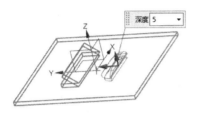

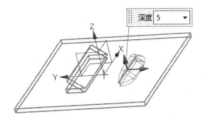

图 4-44 百叶窗特征绘图区示意图　　　　图 4-45 更改宽度方向后示意图

5）在"百叶窗"对话框中单击 ＜ 确定 ＞ 按钮，创建成形的百叶窗特征，如图 4-46 所示。

图 4-46 创建成形的百叶窗特征

4.4 筋

筋功能可在钣金零件表面的引导线上添加加强筋。

选择"菜单（M）"→"插入（S）"→"冲孔（H）"→"筋（B）…"，或者单击"主页"选项卡"凸模"面板上"更多"库中的"筋"按钮◇，打开如图 4-47 所示的"筋"对话框。

4.4.1 选项及参数

1．"截面"选项组

（1）绘制截面：在"筋"对话框中单击 按钮，可以在零件表面所在平面上绘制引导

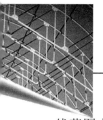

线草图来创建筋特征。

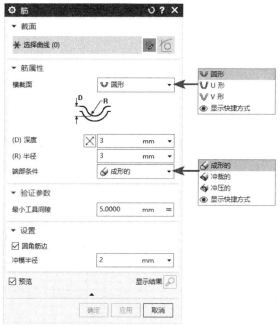

图 4-47 "筋"对话框

（2）曲线：用来选择已有的引导线来创建筋特征，如果将选择意图规则设置为"自动判断曲线"时选择平的面，则可在该平面上绘制引导线草图。该选项在"筋"对话框中为默认选项，即默认选中 按钮。

2. "筋属性"选项组

筋的横截面类型有"圆形""U 形"和"V 形"。

（1）圆形：在"横截面"下拉列表中选择"圆形"，其"筋属性"选项组如图 4-47 所示。

1）深度：指圆形筋的底面和圆弧顶部之间的高度差值。

2）半径：指圆形筋的截面圆弧半径。

3）端部条件：指附着筋的类型，包括"成形的""冲裁的"和"冲压的"，如图 4-48 所示。

成形的　　　　　　　　　　　冲裁的　　　　　　　　　　　冲压的

图 4-48 "圆形"示意图

（2）U 形：在"横截面"下拉列表中选择"U 形"，其"筋属性"选项组如图 4-49 所示。

1）深度：指 U 形筋的底面和顶面之间的高度差值。

2）宽度：指 U 形筋顶面的宽度。

3）角度：指 U 形筋的底面法向和侧面或者端盖之间的夹角。

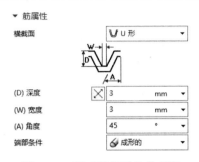

图 4-49 U 形"筋属性"选项组

4）端部条件：指附着筋的类型。包括"成形的""冲裁的"和"冲压的"，如图 4-50 所示。

成形的　　　　　　　　　冲裁的　　　　　　　　　冲压的

图 4-50 "U 形"筋示意图

（3）V 形：在"横截面"下拉列表中选择"V 形"，其"筋属性"选项组如图 4-51 所示。

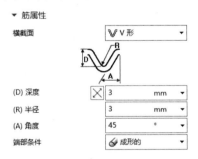

图 4-51 V 形"筋属性"选项组

1）深度：指 V 形筋的底面和顶面之间的高度差值。

2）半径：指 V 形筋的两个侧面或者两个端盖之间的倒角半径。

3）角度：指 V 形筋的底面法向和侧面或者端盖之间的夹角。

4）端部条件：指附着筋的类型，包括"成形的""冲裁的""冲压的"和"锥孔"，如图 4-52 所示。

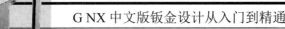

　　成形的　　　　　　　冲裁的　　　　　　　冲压的　　　　　　　锥孔

图 4-52　"V 形"筋示意图

4.4.2　实例——轨迹槽模

1．创建钣金文件

选择"菜单(M)"→"文件(F)"→"新建(N)…"，或者单击"主页"选项卡"标准"面板中的"新建"按钮 ，打开"新建"对话框。在"模型"选项卡中选择"NX 钣金"模板，在"名称"文本框中输入"轨迹槽模"，单击 确定 按钮，进入 UG NX 钣金设计环境。

2．创建基本突出块特征

1）选择"菜单(M)"→"插入(S)"→"突出块(B)…"，或者单击"主页"选项卡"基本"面板上的"突出块"按钮 ，打开如图 4-53 所示的"突出块"对话框。

图 4-53　"突出块"对话框

2）在"突出块"对话框中单击 图标，选择 XY 平面为草图绘制面，绘制基本突出块特征轮廓草图，如图 4-54 所示。单击"完成"图标 ，草图绘制完毕。

3）在"突出块"对话框中单击 < 确定 > 按钮，创建基本突出块特征，如图 4-55 所示。

3．创建圆形筋

1）选择"菜单(M)"→"插入(S)"→"冲孔(H)"→"筋(B)…"，或者单击"主页"选项卡"凸模"面板上"更多"库中的"筋"按钮 ，打开如图 4-56 所示的"筋"对话框，设置"横截面"为"圆形"，输入"（D）深度"为 3.5、"（R）半径"为 3.5、"冲模半径"为 1，在"端部条件"下拉列表中选择"成形的"，其他参数采用系统默认设置。

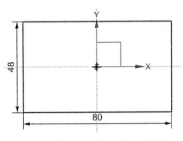

图 4-54 绘制突出块特征轮廓草图

图 4-55 创建基本突出块特征

2）在"筋"对话框中单击 按钮，绘制引导线，如图 4-57 所示。单击"完成"图标，草图绘制完毕。

3）在"筋"对话框中单击 <确定> 按钮，创建圆形筋，如图 4-58 所示。

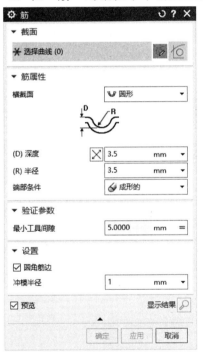

图 4-56 "筋"对话框

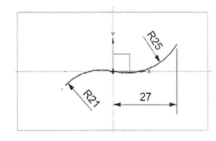

图 4-57 绘制引导线

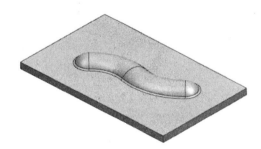

图 4-58 创建圆形筋

4.5 实体冲压

实体冲压可以创建与冲压刀具形状相同的钣金特征。

选择"菜单（M）"→"插入（S）"→"冲孔（H）"→"实体冲压（S）..."，或者单击"主页"选项卡"凸模"面板上"更多"库中的"实体冲压"按钮，打开如图 4-59 所示的"实体冲压"对话框。

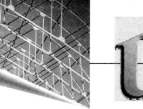

图 4-59 "实体冲压"对话框

4.5.1 选项及参数

1. "类型"下拉列表

钣金实体冲压根据工具体类型可以分为"冲压"和"冲模"两种。

（1）冲压：采用"冲压"类型创建钣金特征，如图 4-60 所示。

实体冲压前   实体冲压后

图 4-60 "冲压"类型示意图

（2）冲模：采用"冲模"类型创建钣金特征，如图 4-61 所示。

实体冲压前   实体冲压后

图 4-61 "冲模"类型示意图

2．"目标"选项组

"目标面"按钮![]：目标面是指实体冲压特征创建面，目标面所在的实体厚度均一，当创建实体冲压特征时，沿着冲压方向的目标面会首先与工具体相接触。单击![]按钮，可在绘图区中选择创建实体冲压特征的目标面。

3．"工具"选项组

（1）"工具体"按钮![]：工具体是指创建实体冲压特征时，使目标体具有预想形状的实体。单击![]按钮，可在绘图区中选择创建实体冲压特征的工具体。

（2）"冲裁面"按钮![]：冲裁面是指创建实体冲压特征时，指定要穿透的工具体表面。单击![]按钮，可在绘图区中选择创建实体冲压特征的穿透面。

钣金实体冲压的部分参数含义示意图如图 4-62 所示。

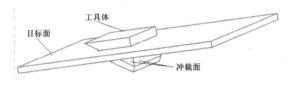

图 4-62 实体冲压参数示意图

4．"位置"选项组

指定起始坐标系（指定目标坐标系）：指在创建实体冲压特征时，指定的工具体的原始位置和终止位置所处的坐标系。

5．"设置"选项组

（1）质心点：勾选此复选框，可通过对放置面轮廓线的二维分析，自动生成一个创建冲压特征工具体中心位置。

（2）隐藏工具体：勾选此复选框，当创建钣金实体冲压特征后，工具体不可见，否则工具体可见，如图 4-63 所示。

不隐藏工具体

隐藏工具体

图 4-63 使用"隐藏工具体"创建实体冲压示意图

（3）倒圆边：勾选此复选框，可以设置冲模半径。冲模半径是指创建实体冲压特征时底部边的折弯半径，如图 4-64 所示。

（4）恒定厚度：如果工具体具有锐边，则创建钣金实体冲压特征时需要勾选"恒定厚度"复选框，如果不勾选"恒定厚度"复选框，则创建的钣金实体冲压特征仍然包含锐边，如图 4-65 所示。

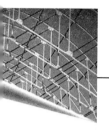

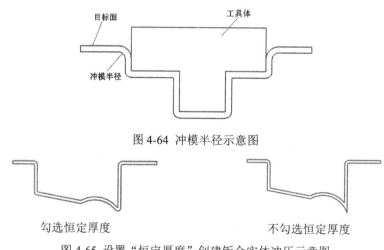

图 4-64 冲模半径示意图

图 4-65 设置"恒定厚度"创建钣金实体冲压示意图

4.5.2 实例——冲压火柴盒

1. 打开钣金文件

选择"菜单(M)"→"文件(F)"→"打开(O)...",打开"打开"对话框。在文件选项卡中选中"实体冲压 1.prt"文件,单击 确定 按钮,打开如图 4-66 所示的文件并进入 UG NX 钣金设计界面。

图 4-66 打开"实体冲压 1.prt"文件

2. 创建钣金实体冲压特征工具体

1)选择"菜单(M)"→"插入(S)"→"草图(S)...",进入 UG 草图设计界面,选择 YZ 平面为草图绘制面,创建如图 4-67 所示的钣金工具体零件草图。单击"完成"图标,草图绘制完毕。

2)选择"菜单(M)"→"插入(S)"→"设计特征(E)"→"拉伸(X)...",或者单击"主页"选项卡"基本"面板上的"拉伸"按钮,打开如图 4-68 所示的"拉伸"对话框。

3)选择刚创建的草图,并在"拉伸"对话框的"限制"选项组中设置"起始距离"为-125、"终止距离"为 125,设置"指定矢量"为"XC 轴",设置"布尔"为"无",其他参数选择默认设置,此时将在绘图区预览显示所创建的拉伸特征,如图 4-69 所示。

（4）单击 <确定> 按钮，拉伸后的视图如图 4-70 所示。

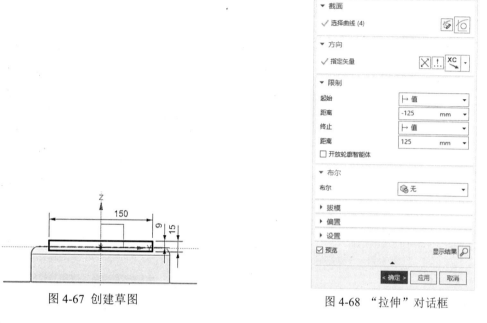

图 4-67 创建草图

图 4-68 "拉伸"对话框

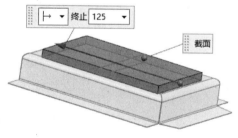

图 4-69 预览所创建的拉伸特征

图 4-70 创建拉伸实体

3．创建圆角特征

1）选择"菜单(M)"→"插入(S)"→"细节特征(L)"→"边倒圆(E)..."，或者单击"主页"选项卡"基本"面板上"倒圆"下拉菜单中的"边倒圆"按钮，打开如图 4-71 所示的"边倒圆"对话框，在"连续性"下拉列表中选择"G1（相切）"，并设置"半径 1"为 2。

2）在绘图区中选择倒圆的棱边，如图 4-72 所示。

3）在"边倒圆"对话框中单击 <确定> 按钮，创建圆角特征，如图 4-73 所示。

4．创建钣金实体冲压特征

1）单击"应用模块"选项卡"设计"面板上的"钣金"按钮，进入钣金设计环境。

2）选择"菜单(M)"→"插入(S)"→"冲孔(H)"→"实体冲压(S)..."，或者单击"主页"选项卡"凸模"面板上"更多"库中的"实体冲压"按钮，打开如图 4-74 所示的"实体冲压"对话框。选择"冲压"类型，勾选所有的复选框，并设置"冲模半径"为 2，其他设置采用默认。

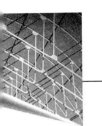

图 4-71 "边倒圆"对话框

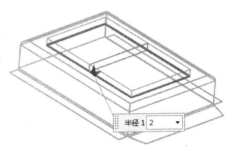

图 4-72 选择倒圆的棱边

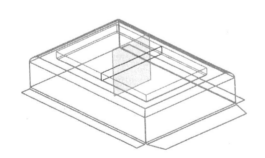

图 4-73 创建圆角

图 4-74 "实体冲压"对话框

3）在绘图区中选择钣金实体冲压特征放置面，如图 4-75 所示。

4）单击鼠标中键，或者在对话框中单击■图标，在绘图区选择钣金实体冲压特征工具体，如图 4-76 所示。

5）在"实体冲压"对话框中单击 确定 按钮，创建钣金实体冲压特征，如图 4-77 所示。

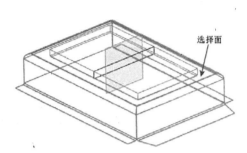

图 4-75 选择放置面

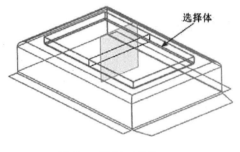

图 4-76 选择工具体

图 4-77 创建实体冲压特征

4.6 加固板

加固板功能可钣金件上创建硬化加固板。

选择"菜单(M)"→"插入(S)"→"冲孔(H)"→"加固板(G)..."，或者单击"主页"选项卡"凸模"面板中"更多"库中的"加固板"按钮 ，打开如图 4-78 所示的"加固板"对话框。

4.6.1 选项及参数

1. "类型"下拉列表

（1）自动生成轮廓：根据设置的参数，自动生成直线形的加固板轮廓，并且一次可生成多个加固板，如图 4-79 所示。

（2）用户定义轮廓：在对话框中设置加固板的轮廓及放置位置，可创建用户定义轮廓的加固板，如图 4-80 所示。

2. "折弯"选项组

可选取一个折弯面来定义加固板的放置面。

3. "位置"选项组

可指定一个平面来作为放置加固板的位置。

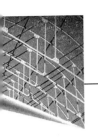

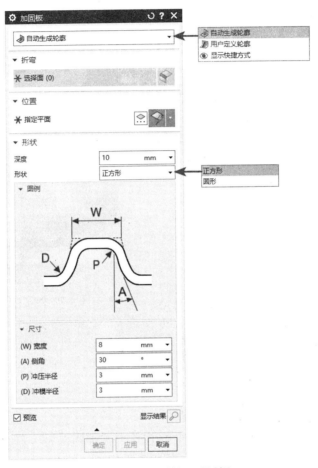

图 4-78 "加固板"对话框

图 4-79 "自动生成轮廓"示意图

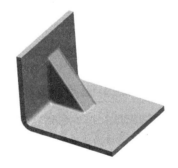

图 4-80 "用户定义轮廓"示意图

4. "形状"选项组

用于定义加固板的形状及相关参数。

（1）正方形：选择此选项，创建横截面形状为正方形的加固板，如图 4-81 所示。

（2）圆形：选择此选项，创建横截面形状为圆形的加固板，如图 4-82 所示。

图 4-81 正方形

图 4-82 圆形

4.6.2 实例——书架 1

1．创建钣金文件

选择"菜单(M)"→"文件(F)"→"新建(N)..."，或者单击"主页"选项卡"标准"面板中的"新建"按钮，打开"新建"对话框。在"模型"选项卡中选择"NX 钣金"模板。在"名称"文本框中输入"书架"，单击 确定 按钮，进入 UG NX 2011 钣金设计环境。

2．预设置 NX 钣金参数

选择"菜单(M)"→"首选项(P)"→"钣金(H)..."，打开如图 4-83 所示的"钣金首选项"对话框，设置"材料厚度"为 1、"折弯半径"为 1、"让位槽深度"和"让位槽宽度"均为 3、"中性因子值"为 0.33，其他参数采用默认设置。

图 4-83 "钣金首选项"对话框

3．创建基本突出块特征

（1）选择"菜单(M)"→"插入(S)"→"突出块(B)..."，或者单击"主页"选项卡"基本"面板上的"突出块"按钮，打开如图 4-84 所示的"突出块"对话框。设置厚度为 1。

（2）在"突出块"对话框中单击图标，绘制基本突出块特征轮廓草图，如图 4-85 所示。单击"完成"图标，草图绘制完毕。

图 4-84 "突出块"对话框

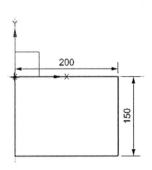

图 4-85 绘制基本突出块特征轮廓草图

3）在"突出块"对话框中单击 < 确定 > 按钮，创建基本突出块特征，如图 4-86 所示。

4. 创建弯边特征

1）选择"菜单(M)"→"插入(S)"→"折弯(N)"→"弯边(F)..."，或者单击"主页"选项卡"基本"面板中的"弯边"按钮，打开如图 4-87 所示的"弯边"对话框，设置"宽度选项"为"完整"、"参考长度"为"内侧"、"内嵌"为"材料内侧"。

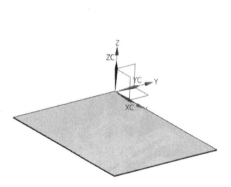

图 4-86 钣金零件体

图 4-87 "弯边"对话框

2）在绘图区中选择如图 4-88 所示的折弯边，并在如图 4-87 所示的对话框中设置"长度"为 160、"角度"为 90，在"折弯止裂口"和"拐角止裂口"中选择"无"。

3）在"弯边"对话框中单击 < 确定 > 按钮，创建如图 4-89 所示的弯边特征。

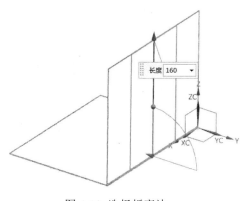

图 4-88 选择折弯边　　　　　　　图 4-89 创建弯边特征

5．创建加固板特征 1

1）选择"菜单(M)"→"插入(S)"→"冲孔(H)"→"加固板(G)…"，或者单击"主页"选项卡"凸模"面板中"更多"库中的"加固板"按钮，打开如图 4-90 所示的"加固板"对话框。

2）选择"用户定义轮廓"类型，单击"绘制截面"按钮，打开如图 4-91 所示的"创建草图"对话框。

图 4-90　"加固板"对话框　　　　　　图 4-91　"创建草图"对话框

3）选择如图 4-92 所示的折弯边线，输入"弧长百分比"为 50。

4）在"创建草图"对话框中单击 确定 按钮，进入草图绘制环境，绘制如图 4-93 所示的草图。单击"完成"图标，草图绘制完毕。

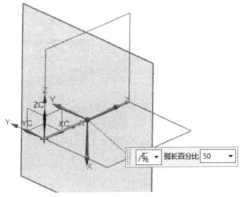

图 4-92 选择折弯边线

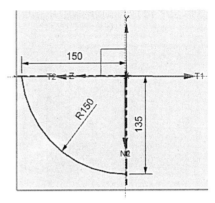

图 4-93 绘制草图

5）在"加固板"对话框中设置"宽度侧"为"对称"、"形状"为"正方形"，输入"（W）宽度"为 16、"（A）侧角"为 0、"（P）冲压半径"为 0、"（D）冲模半径"为 2，单击 <确定> 按钮，结果如图 4-94 所示。

6. 创建加固板特征 2

1）选择"菜单（M）"→"插入（S）"→"冲孔（H）"→"加固板（G）..."，或者单击"主页"选项卡"凸模"面板中"更多"库中的"加固板"按钮，打开"加固板"对话框。

2）单击"绘制截面"按钮，打开"创建草图"对话框。

3）选择如图 4-95 所示的折弯边线，输入"弧长百分比"为 50。

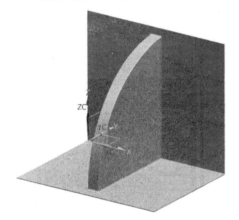

图 4-94 创建加固板特征 1

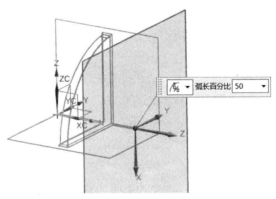

图 4-95 选择折弯边线

4）在"创建草图"对话框中单击 确定 按钮，进入草图绘制环境，绘制如图 4-96 所示的草图。单击"完成"图标，草图绘制完毕。

5）在"加固板"对话框中设置"宽度侧"为"对称"、"形状"为"正方形"，输入"（W）宽度"为 16、"（A）侧角"为 0、"（P）冲压半径"为 0、"（D）冲模半径"为 2，单击 <确定> 按钮，结果如图 4-97 所示。

7. 创建加固板特征 3

1）选择"菜单（M）"→"插入（S）"→"冲孔（H）"→"加固板（G）..."，或者单击"主页"

选项卡"凸模"面板中"更多"库中的"加固板"按钮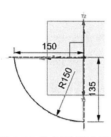，打开"加固板"对话框。

2）单击"绘制截面"按钮，打开"创建草图"对话框。

图 4-96 绘制轮廓曲线

图 4-97 创建加固板 2

3）选择如图 4-98 所示的折弯边线，输入"弧长百分比"为 50。

4）在"创建草图"对话框中单击 确定 按钮，进入草图绘制环境，绘制如图 4-99 所示的草图。单击"完成"图标，草图绘制完毕。

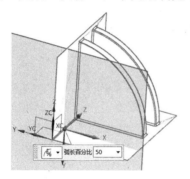

图 4-98 选择折弯边线

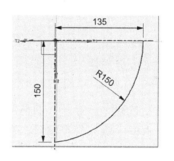

图 4-99 绘制轮廓曲线

5）在"加固板"对话框中选择"宽度侧"为"对称"、"形状"为"正方形"，输入"（W）宽度"为 16、"（A）侧角"为 0、"（P）冲压半径"为 0、"（D）冲模半径"为 2，单击 < 确定 > 按钮，结果如图 4-100 所示。

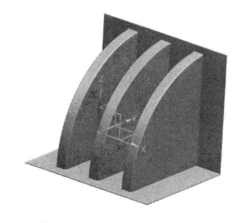

图 4-100 创建加固板 3

4.7 综合实例——钣金支架

首先利用突出块命令创建基本钣金件，然后利用折弯命令创建折弯，利用凹坑命令创建中间的凹坑，利用冲压开孔命令创建一侧的孔，再利用镜像体命令创建另一侧并利用求和命令将钣金件合并在一起，最后利用筋、凹坑和冲压开孔命令在钣金件上添加筋、凹坑和孔。创建的钣金支架如图 4-101 所示。

图 4-101 创建钣金支架

1. 创建 NX 钣金文件

选择"菜单(M)"→"文件(F)"→"新建(N)…"，或者单击"主页"选项卡"标准"面板中的"新建"按钮，打开"新建"对话框。在"名称"文本框中输入"钣金支架"，在"文件夹"文本框中输入保存路径，单击 按钮，进入 UG NX 2011 钣金设计环境。

2. 钣金参数预设置

1）选择"菜单(M)"→"首选项(P)"→"钣金(H)…"，打开如图 4-102 所示的"钣金首选项"对话框。

图 4-102 "钣金首选项"对话框

2）在 "全局参数" 选项组中设置 "材料厚度" 为 1、"折弯半径" 为 1、"让位槽深度" 和 "让位槽宽度" 都为 0，在 "方法" 下拉列表中选择 "公式"，在 "公式" 下拉列表中选择 "折弯许用半径"。

3）单击 确定 按钮，完成 NX 钣金参数预设置。

3. 创建突出块特征

1）选择 "菜单(M)" → "插入(S)" → "突出块(B)..."，或者单击 "主页" 选项卡 "基本" 面板上的 "突出块" 按钮 ◇，打开如图 4-103 所示的 "突出块" 对话框。

2）在如图 4-103 所示对话框中的 "类型" 下拉列表中选择 "基本"，单击 "绘制截面" 按钮 ，打开如图 4-104 所示的 "创建草图" 对话框。

图 4-103 "突出块" 对话框   图 4-104 "创建草图" 对话框

3）选择 XY 平面为草图绘制面，在如图 4-104 所示的对话框中单击 确定 按钮，进入草图绘制环境，绘制如图 4-105 所示的草图。

4）单击 "完成" 图标 ，草图绘制完毕。在绘图区显示如图 4-106 所示的突出块特征预览。

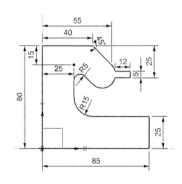

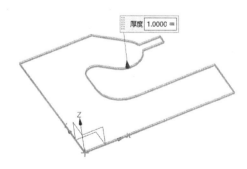

图 4-105 绘制草图   图 4-106 显示所创建的突出块特征预览

5）在如图 4-104 所示的对话框中单击 确定 按钮，创建突出块特征，如图 4-107 所示。

4. 创建拉伸特征

1）选择 "菜单(M)" → "插入(S)" → "切割(T)" → "拉伸(X)..."，或者单击 "主页"

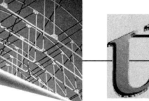

选项卡"建模"面板上的"拉伸"按钮，打开如图 4-108 所示的"拉伸"对话框。

2）单击"绘制截面"按钮，打开"创建草图"对话框，选择刚创建的突出块的上表面为草图绘制面，单击 确定 按钮，进入草图绘制环境，绘制如图 4-109 所示的草图。

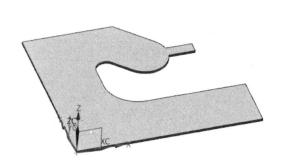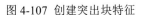

图 4-107 创建突出块特征　　　　　　　　　图 4-108 "拉伸"对话框

3）单击"完成"图标，返回"拉伸"对话框，指定矢量为-ZC 轴，设置限制项中的起始"距离"为 0，"终止"为"直至下一个"，在布尔下拉列表中选择"减去"。

4）单击 确定 按钮，创建拉伸特征，结果如图 4-110 所示。

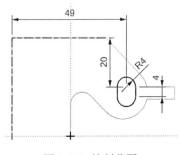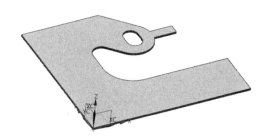

图 4-109 绘制草图　　　　　　　　　　图 4-110 创建拉伸特征

5．创建折弯特征

1）选择"菜单(M)"→"插入(S)"→"折弯(N)"→"折弯(B)…"，或者单击"主页"选项卡"折弯"面板上的"折弯"按钮，打开如图 4-111 所示的"折弯"对话框。

2）单击"绘制截面"按钮，打开"创建草图"对话框。在绘图区中选择草图绘制面，如图 4-112 所示。

图 4-111　"折弯"对话框

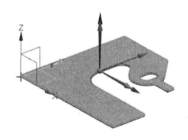

图 4-112　选择草图绘制面

3）进入草图设计环境，绘制如图 4-113 所示的折弯线。

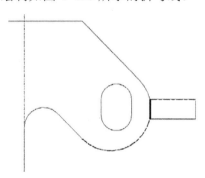

图 4-113　绘制折弯线

4）单击"完成"图标，草图绘制完毕。在绘图区显示如图 4-114 所示的折弯特征预览。

5）在如图 4-111 所示对话框中，在"角度"文本框中输入 30，在"内嵌"下拉列表中选择"折弯中心线轮廓"，在"折弯止裂口"下拉列表中选择"无"，单击 应用 按钮，创建折弯特征，如图 4-115 所示。

6）在如图 4-111 所示的对话框中单击"绘制截面"按钮 ，打开"创建草图"对话框。在绘图区中选择草图绘制面，如图 4-116 所示。

7）进入草图设计环境，绘制如图 4-117 所示的折弯线。

8）单击"完成"图标，草图绘制完毕。在绘图区显示如图 4-118 所示的折弯特征预览。

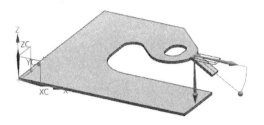

图 4-114 显示所创建的折弯特征预览

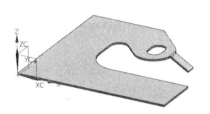

图 4-115 创建折弯特征

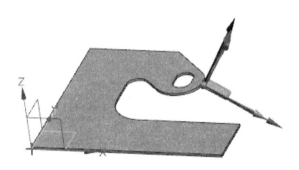

图 4-116 选择草图绘制面

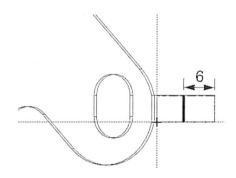

图 4-117 绘制折弯线

9）在如图 4-111 所示对话框中，在"角度"文本框中输入 30，在"内嵌"下拉下拉列表中选择"折弯中心线轮廓"。单击 应用 按钮，创建折弯特征，如图 4-119 所示。

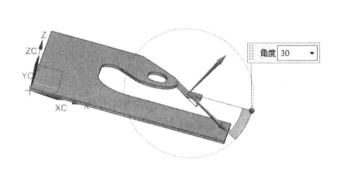

图 4-118 显示所创建的折弯特征预览

图 4-119 创建折弯特征

10）在如图 4-111 所示的对话框中单击"绘制截面"按钮，打开"创建草图"对话框。在绘图区中选择草图绘制面，如图 4-120 所示。

11）进入草图设计环境，绘制如图 4-121 所示的折弯线。

12）单击"完成"图标，草图绘制完毕，在绘图区显示如图 4-122 所示的折弯特征预览。

13）在如图 4-111 所示的对话框中，在"角度"文本框中输入 30，在"内嵌"下拉选项卡中选择"折弯中心线轮廓"，单击 确定 按钮，创建折弯特征，如图 4-123 所示。

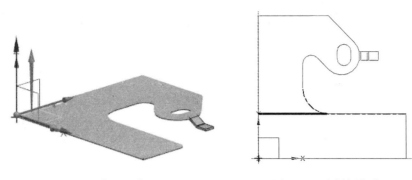

图 4-120 选择草图工作平面　　　　图 4-121 绘制折弯线

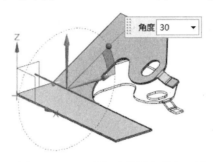

图 4-122 显示所创建的折弯特征预览

6．创建弯边特征

1）选择"菜单(M)"→"插入(S)"→"折弯(N)"→"弯边(F)…"，或者单击"主页"选项卡"基本"面板中的"弯边"按钮🔲，打开如图 4-124 所示的"弯边"对话框。

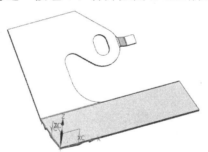

图 4-123 创建折弯特征

2）设置"宽度选项"为"完整"、"长度"为 12、"角度"为 90、"参考长度"为"外侧"、"内嵌"为"材料外侧"，"折弯止裂口"和"拐角止裂口"下拉列表中选择"无"。

3）选择弯边，同时在绘图区显示所创建的弯边预览，如图 4-125 所示。

4）在"弯边"对话框中单击 应用 按钮，创建弯边特征 1，如图 4-126 所示。

5）选择弯边，同时在绘图区显示所创建的弯边预览，如图 4-127 所示。在"弯边"对话框中设置"宽度选项"为"在端点"，指定刚创建的弯边特征的左侧端点，输入"宽度"为13，然后在"弯边"对话框中设置"长度"为 90、"角度"为 90、"参考长度"为"外侧"、

U G N X 2022

"内嵌"为"折弯外侧"，在"折弯止裂口"和"拐角止裂口"下拉列表中选择"无"。

图 4-124 "弯边"对话框

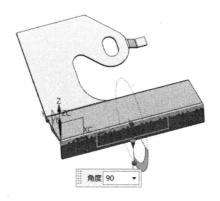

图 4-125 显示所创建的弯边预览

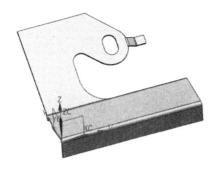

图 4-126 创建弯边特征 1

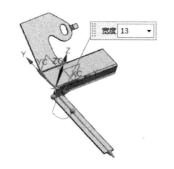

图 4-127 显示所创建的弯边预览

6）在"弯边"对话框中单击 应用 按钮，创建弯边特征 2，如图 4-128 所示。

7）选择弯边，同时在绘图区显示所创建的弯边预览，如图 4-129 所示。在"弯边"对话框中，设置"宽度选项"为"完整"、"长度"为 18、"角度"为 90、"参考长度"为"外侧"、"内嵌"为"折弯外侧"，在"折弯止裂口"和"拐角止裂口"下拉列表中选择"无"。

8）在"弯边"对话框中单击 确定 按钮，创建弯边特征 3，如图 4-130 所示。

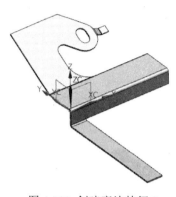

图 4-128 创建弯边特征 2

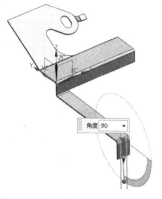

图 4-129 显示所创建的弯边预览

7. 创建凹坑特征

1）选择"菜单(M)"→"插入(S)"→"冲孔(H)"→"凹坑(D)...", 或者单击"主页"选项卡"凸模"面板上的"凹坑"按钮 ◈ , 打开如图 4-131 所示的"凹坑"对话框。

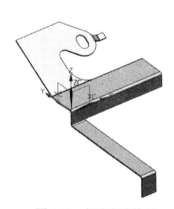

图 4-130 创建弯边特征 3

图 4-131 "凹坑"对话框

2）在如图 4-131 所示的对话框中单击"绘制截面"按钮 🔯 , 打开 "创建草图"对话框。

3）在绘图区中选择如图 4-132 所示的平面为草图绘制面, 在"创建草图"对话框中单击 **确定** 按钮, 进入草图绘制环境, 绘制如图 4-133 所示的草图。

4）单击"完成"图标 ▦ , 草图绘制完毕, 在绘图区显示如图 4-134 所示的凹坑特征预览。

5）在如图 4-131 所示的对话框中, 设置"深度"为 2、"侧角"为 0、"侧壁"为"材料外侧", 勾选"倒圆凹坑边"和"倒圆截面拐角"复选框, 设置"冲压半径""冲模半径"

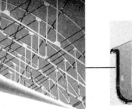

和"拐角半径"均为 0.5。单击 < 确定 > 按钮，创建凹坑特征，如图 4-135 所示。

图 4-132 选择草图绘制面

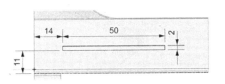

图 4-133 绘制草图

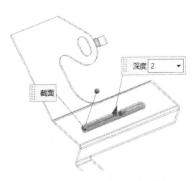

图 4-134 显示所创建的凹坑特征预览

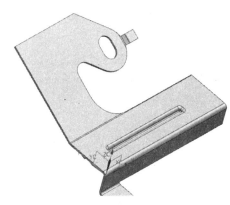

图 4-135 创建凹坑特征

8．创建冲压开孔特征

1）选择"菜单(M)"→"插入(S)"→"冲孔(H)"→"冲压开孔(C)…"，或者单击"主页"选项卡"凸模"面板上"更多"库中的"冲压开孔"按钮◇，打开如图 4-136 所示的"冲压开孔"对话框。设置"深度"为 5，"侧角"为 0，"侧壁"为"材料外侧"，勾选"倒圆冲压开孔"复选框，输入"冲模半径"为 0.6。

2）单击"绘制截面"按钮，选择如图 4-137 所示的面为草图绘制面。

图 4-136 "冲压开孔"对话框

图 4-137 选择草图绘制面

3）绘制轮廓曲线，如图 4-138 所示。单击"完成"图标 ![icon]，草图绘制完毕。同时在绘图区显示所创建的冲压开孔特征预览，如图 4-139 所示。

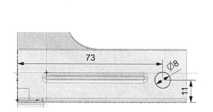

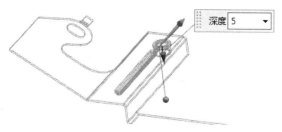

图 4-138 绘制轮廓曲线　　　　　　　　图 4-139 冲压开孔特征预览

4）在"冲压开孔"对话框中单击 ![确定] 按钮，创建冲压开孔特征，如图 4-140 所示。

9．镜像体

1）选择"菜单(M)"→"插入(S)"→"关联复制(A)"→"镜像体(B)..."，打开如图 4-141 所示的"镜像体"对话框。

2）在绘图区选择钣金体。

3）在绘图区选择 YZ 平面为镜像平面，如图 4-142 所示。

4）在"镜像体"对话框中单击 ![确定] 按钮，创建镜像钣金件，如图 4-143 所示。

10．创建求和

1）选择"菜单(M)"→"插入(S)"→"组合(B)"→"合并(U)..."，或者单击"主页"选项卡"建模"面板上"更多"库中的"合并"按钮 ![icon]，打开如图 4-144 所示的"合并"对话框。

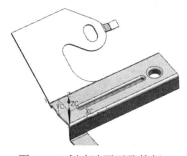

图 4-140 创建冲压开孔特征　　　　　　　图 4-141 "镜像体"对话框

2）选择镜像前的实体为目标体，选择镜像后的实体为工具体，单击 ![确定] 按钮，完成实体的合并，如图 4-145 所示。

11．创建筋特征

1）选择"菜单(M)"→"插入(S)"→"冲孔(H)"→"筋(B)..."，或者单击"主页"选项卡"凸模"面板上"更多"库中的"筋"按钮 ![icon]，打开如图 4-146 所示的"筋"对话框。设置"横截面"为"圆形"、"（D）深度"为 1、"（R）半径"为 1、"端部条件"为"成形的"，勾选"圆角筋边"复选框，"冲模半径"为 1。

2）单击"截面"选项组中的"绘制截面"按钮 ![icon]，选择如图 4-147 所示的面为草图绘

制面。

图 4-142 选择镜像平面

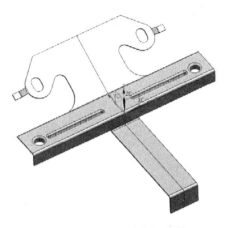

图 4-143 创建镜像钣金件

图 4-144 "合并"对话框

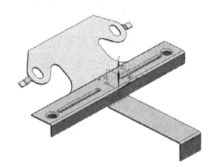

图 4-145 合并实体

图 4-146 "筋"对话框

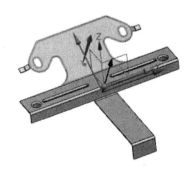

图 4-147 选择草图绘制面

3）绘制如图 4-148 所示的草图。单击"完成"图标，草图绘制完毕。

4）在绘图区预览所创建的筋特征，如图 4-149 所示。

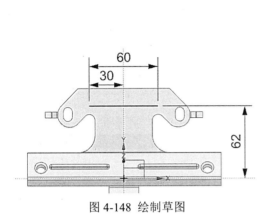

图 4-148 绘制草图

图 4-149 预览筋特征

5）在"筋"对话框中单击 <确定> 按钮，创建筋特征，如图 4-150 所示。

图 4-150 创建筋特征

12．创建拉伸特征

1）选择"菜单(M)"→"插入(S)"→"切割(T)"→"拉伸(X)..."，或者单击"主页"选项卡"建模"面板上的"拉伸"按钮，打开"拉伸"对话框。

2）单击"绘制截面"按钮，打开"创建草图"对话框，选择如图 4-151 所示的平面为草图绘制面，单击 确定 按钮，进入草图绘制环境，绘制如图 4-152 所示的草图。

3）选择刚创建的草图，并在"拉伸"对话框中数字"指定矢量"为-ZC 轴，在"限制"选项组中设置起始"距离"为 0、终止"距离"为"直至下一个"，在"布尔"下拉列表中选择"减去"。

4）单击 <确定> 按钮，拉伸创建孔，如图 4-153 所示。

13．创建凹坑特征

1）选择"菜单(M)"→"插入(S)"→"冲孔(H)"→"凹坑(D)..."，或者单击"主页"选项卡"凸模"面板上的"凹坑"按钮，打开如图 4-154 所示的"凹坑"对话框。

2）单击"绘制截面"按钮，打开"创建草图"对话框。

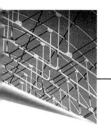

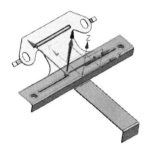

图 4-151 选择草图绘制面

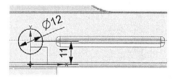

图 4-152 绘制草图

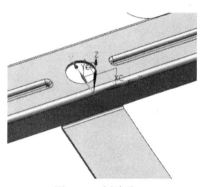

图 4-153 创建孔

图 4-154 "凹坑"对话框

3）在绘图区中选择如图 4-155 所示的平面作为草图绘制面，单击 按钮，进入草图绘制环境，绘制如图 4-156 所示的草图。

4）单击"完成"图标 ，草图绘制完毕。在绘图区显示如图 4-157 所示的凹坑特征预览。

5）在如图 4-154 所示的对话框中，设置"深度"为3、"侧角"为0、"侧壁"为"材料外侧"，勾选"倒圆凹坑边"复选框，设置"冲压半径"和"冲模半径"分别为2和0.5。单击 按钮，创建凹坑特征，如图 4-158 所示。

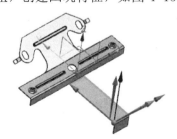

图 4-155 选择草图绘制面

图 4-156 绘制草图

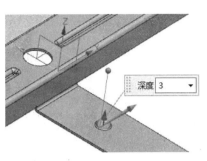

图 4-157 所创建的凹坑特征预览　　　　　图 4-158 创建凹坑特征

14. 创建冲压开孔特征

1）选择"菜单(M)"→"插入(S)"→"冲孔(H)"→"冲压开孔(C)..."，或者单击"主页"选项卡"凸模"面板上"更多"库中的"冲压开孔"按钮◈，打开如图 4-159 所示的"冲压开孔"对话框。设置"深度"为 5，"侧角"为 0、"侧壁"为"材料外侧"，勾选"倒圆冲压开孔"复选框，输入"冲模半径"为 1。

2）单击"绘制截面"按钮🖉，选择如图 4-160 所示的面为草图绘制面。

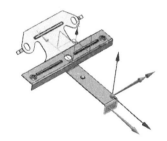

图 4-159 "冲压开孔"对话框　　　　　图 4-160 选择草图绘制面

3）绘制轮廓曲线，如图 4-161 所示。单击"完成"图标🏁，草图绘制完毕。同时在绘图区显示所创建的冲压开孔特征预览，如图 4-162 所示。

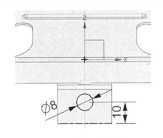

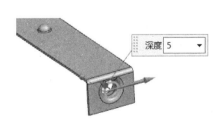

图 4-161 绘制轮廓曲线　　　　　图 4-162 预览冲压开孔特征

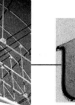

4）在"冲压开孔"对话框中单击 <确定> 按钮，创建冲压开孔特征，如图 4-163 所示。

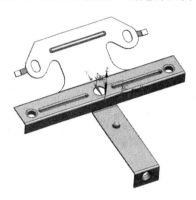

图 4-163　创建冲压开孔特征

第5章

剪切

本章主要介绍了剪切特征的创建方法和过程。

重点与难点
- 法向开孔
- 折弯拔锥

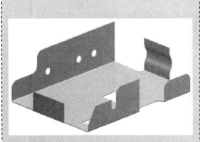

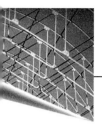

5.1 法向开孔

法向开孔是指用一组连续的曲线作为裁剪的轮廓线，沿着钣金零件表面的法向进行裁剪。

选择"菜单(<u>M</u>)"→"插入(<u>S</u>)"→"切割(<u>T</u>)"→"法向开孔(<u>N</u>)..."，或者单击"主页"选项卡"基本"面板上的"法向开孔"按钮，打开如图5-1所示的"法向开孔"对话框。

图5-1 "法向开孔"对话框

5.1.1 选项及参数

1．"类型"下拉列表

用于选择法向开孔截面的类型。

（1）草图：选取一个现有草图或新建一个草图作为法向开孔的截面。

（2）3D曲线：选取一个3D草图作为法向开孔的截面。

2．"截面"选项组

（1）绘制截面：在图5-1"法向开孔"对话框中单击按钮，可以在零件表面所在平面上绘制轮廓线草图来创建法向开孔特征。

（2）曲线：用来指定使用已有的轮廓线来创建法向开孔特征，如果将选择意图规则设置为"自动判断曲线"时选择平的面，则会打开草图，用于在该面上绘制轮廓线草图。在图5-1"法向开孔"对话框中为默认选项，即默认选中按钮。

3．"开孔属性"选项组

（1）切割方法：

1）厚度：指在钣金零件的放置面上沿着厚度方向进行裁剪。

2）中位面：指从钣金零件放置面的中间面向钣金零件的两侧进行裁剪。

3）最近的面：指从钣金零件放置面的最近的面向钣金零件的另一侧进行裁剪。

对于同一轮廓，同一深度值的法向开孔方法示意图如图 5-2 所示。

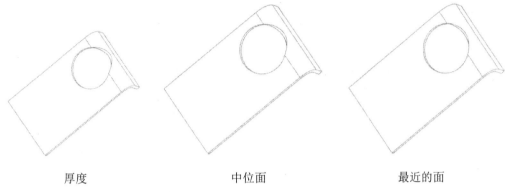

　　　　厚度　　　　　　　　　　　　中位面　　　　　　　　　　　最近的面

图 5-2 法向开孔方法示意图

（2）限制：

1）值：指沿着法向，穿过至少一个厚度的深度尺寸的裁剪。

2）所处范围：指在深度方向通过选择两个平行的平面来定义裁剪的范围。

3）直至下一个：指沿着法向穿过钣金零件的厚度，延伸到最近面的裁剪。

4）贯通：指沿着法向，穿过钣金零件所有面的裁剪。

"限制"法向开孔的示意图如图 5-3 所示。

（3）对称深度：勾选此复选框，可在深度方向向两侧沿着法向对称开孔，示意图如图 5-4 所示。

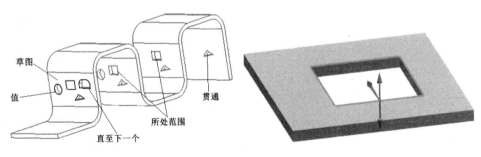

图 5-3 "限制"选项示意图　　　　　　　　图 5-4 对称开孔示意图

5.1.2 实例——书挡

1. 创建钣金文件

选择"菜单(M)"→"文件(F)"→"新建(N)…"，或者单击"主页"选项卡"标准"面

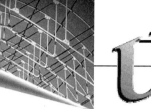

板中的"新建"按钮，打开"新建"对话框。在"模型"选项卡中选择"NX 钣金"，在"名称"文本框中输入"书挡"，单击 确定 按钮，进入 UG NX 钣金设计环境。

2．创建基本突出块特征

1）选择"菜单(M)"→"插入(S)"→"突出块(B)..."，或者单击"主页"选项卡"基本"面板上的"突出块"按钮，打开如图 5-5 所示的"突出块"对话框。

2）单击"绘制截面"按钮，选择 XY 平面为草图绘制面，绘制突出块特征轮廓草图，如图 5-6 所示。单击"完成"图标，草图绘制完毕。

图 5-5 "突出块"对话框

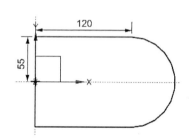

图 5-6 绘制突出块特征轮廓草图

3）在"突出块"对话框中单击 <确定> 按钮，创建突出块特征，如图 5-7 所示。

3．创建法向开孔特征

1）选择"菜单(M)"→"插入(S)"→"切割(T)"→"法向开孔(N)..."，或者单击"主页"选项卡"基本"面板上的"法向开孔"按钮，打开如图 5-8 所示的"法向开孔"对话框。

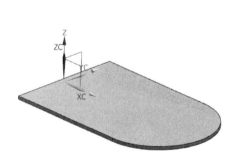

图 5-7 创建突出块特征

图 5-8 "法向开孔"对话框

2）单击"绘制截面"按钮💿，在绘图区选择草图绘制面，如图 5-9 所示。

3）进入草图设计环境，绘制如图 5-10 所示的草图。单击"完成"图标🏁，草图绘制完毕。

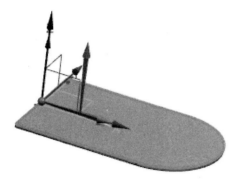

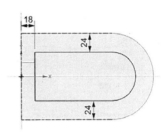

图 5-9 选择草图绘制面　　　　　　　　　　图 5-10 绘制草图

4）预览所创建的法向开孔特征，如图 5-11 所示。

5）在"法向开孔"对话框中电子"切割方法"为"厚度"、"限制"方式为"直至下一个"。单击<确定>按钮，创建法向开孔特征，如图 5-12 所示。

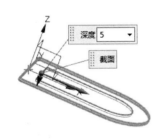

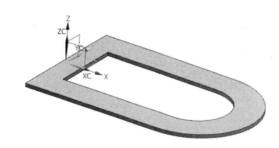

图 5-11 预览创建法向开孔特征　　　　　图 5-12　创建法向开孔特征

4．创建折弯特征

1）选择"菜单(M)"→"插入(S)"→"折弯(N)"→"折弯(B)..."，或者单击"主页"选项卡"折弯"面板上的"折弯"按钮🗔，打开如图 5-13 所示的"折弯"对话框。设置"角度"为 90，"内嵌"为"外模线轮廓"，"折弯止裂口"为"无"，其他选项采用默认设置。

2）在"折弯"对话框中单击"绘制截面"按钮💿，进入草图绘制界面，选择如图 5-14 所示的折弯轮廓草图绘制面。

3）绘制如图 5-15 所示的轮廓草图。单击"完成"图标🏁，草图绘制完毕。

4）在"折弯"对话框中单击<确定>按钮，创建如图 5-16 所示的折弯特征。

5．创建基本突出块特征

1）选择"菜单(M)"→"插入(S)"→"突出块(B)..."，或者单击"主页"选项卡"基本"面板上的"突出块"按钮◇，打开如图 5-17 所示的"突出块"对话框。

2）单击"绘制截面"按钮💿，选择 XY 平面为草图绘制面，绘制突出块特征轮廓草图，如图 5-18 所示。单击"完成"图标🏁，草图绘制完毕。

图 5-13 "折弯"对话框

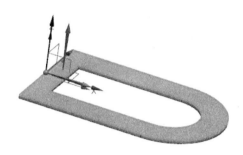

图 5-14 选择折弯轮廓草绘平面

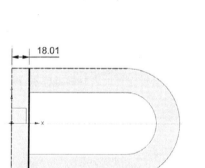

图 5-15 绘制轮廓草图

图 5-16 创建折弯特征

图 5-17 "突出块"对话框

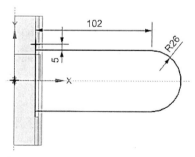

图 5-18 绘制突出块特征轮廓草图

3）在"突出块"对话框中单击 <确定> 按钮，创建突出块特征，如图 5-19 所示。

图 5-19 创建突出块特征

5.2 折弯拔锥

利用折弯拔锥命令可通过在指定方向上将截面曲线扫掠一个线性距离来生成体。

选择"菜单(M)"→"插入(S)"→"切割(T)"→"折弯拔锥(T)..."，或者单击"主页"选项卡"拐角"面板上"更多"库中的"折弯拔锥"按钮 ，打开如图 5-20 所示的"折弯拔锥"对话框。

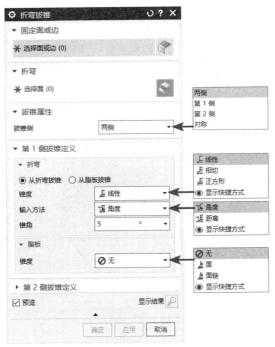

图 5-20 "折弯拔锥"对话框

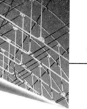

1．"折弯"选项组

选取要添加锥角的折弯面。

2．"拔锥属性"——拔锥侧

拔锥侧：用于创建锥角的侧面。包括"两侧""第 1 侧""第 2 侧"和"对称"4 种方式，如图 5-21 所示。

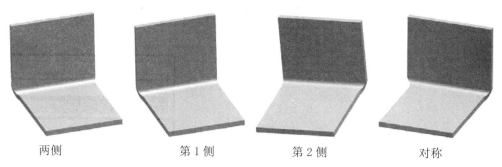

图 5-21 拔锥侧

3．"第 1 侧（第 2 侧）拔锥定义"选项组

（1）折弯锥度：

1）线性：指在创建拔锥时，将折弯处切割成线性切口，如图 5-22a 所示。

2）相切：指在创建拔锥时，将折弯处切割成圆弧形切口，如图 5-22b 所示。

3）正方形：指在创建拔锥时，将折弯处切割成正方形切口，如图 5-22c 所示。

（2）腹板锥度

1）无：仅在相邻特征的折弯部分添加腹板角度，如图 5-23a 所示。

2）面：在相邻的折弯部分和面部分都添加腹板角度，如图 5-23b 所示。

3）面链：在整个折弯部分及与其相邻的面链上都添加腹板角度，如图 5-23c 所示。

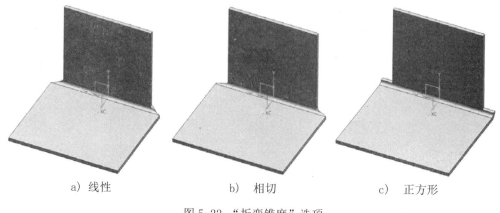

a）线性   b）相切   c）正方形

图 5-22 "折弯锥度"选项

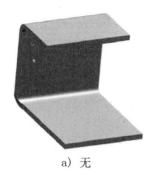

a）无   b)面   c)面链

图 5-23 "腹板锥度"选项

5.3 综合实例

5.3.1 仪表面板

首先利用突出块命令创建基本钣金件，然后利用弯边命令创建弯边特征，利用法向开孔命令创建法向开孔特征，再创建孔特征、倒角特征，最后创建轮廓弯边特征。创建的仪表面板如图 5-24 所示。

1. 创建 NX 钣金文件

选择"菜单(<u>M</u>)"→"文件(<u>F</u>)"→"新建(<u>N</u>)…"，或者单击"主页"选项卡"标准"面板中的"新建"按钮 ，打开"新建"对话框。在"名称"文本框中输入"仪表面板"，在"文件夹"文本框中输入保存路径，单击 确定 按钮，进入 UG NX 钣金设计环境。

2. 钣金参数预设置

选择"菜单(<u>M</u>)"→"首选项(<u>P</u>)"→"钣金(<u>H</u>)…"，打开如图 5-25 所示的"钣金首选项"对话框。在 "全局参数"选项组中设置"材料厚度"为 1、"折弯半径"为 2、"让位槽深度"和"让位槽宽度"均为 0，在"方法"下拉列表中选择"公式"，在"公式"下拉列表中选择"折弯许用半径"。单击 确定 按钮，完成 NX 钣金参数预设置。

图 5-24 创建仪表面板效果图

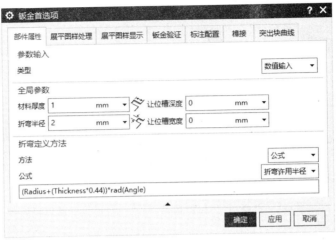

图 5-25 "钣金首选项"对话框

3．创建突出块特征

1）选择"菜单(M)"→"插入(S)"→"突出块(B)..."，或者单击"主页"选项卡"基本"面板上的"突出块"按钮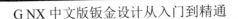，打开如图 5-26 所示的"突出块"对话框。

2）在"突出块"对话框中的"类型"下拉列表框中选择"基本"，单击"绘制截面"按钮，打开如图 5-27 所示的"创建草图"对话框。

图 5-26 "突出块"对话框

图 5-27 "创建草图"对话框

3）选择 XY 平面为草图绘制面，在"创建草图"对话框中单击 确定 按钮，进入草图绘制环境，绘制如图 5-28 所示的草图。单击"完成"图标，草图绘制完毕。

4）在绘图区显示如图 5-29 所示的创建的突出块特征预览。

5）在"突出块"对话框中单击< 确定 >按钮，创建突出块特征，如图 5-30 所示。

4．创建法向开孔特征

1）选择"菜单(M)"→"插入(S)"→"切割(T)"→"法向开孔(N)..."，或者单击"主页"选项卡"基本"面板上的"法向开孔"按钮，打开如图 5-31 所示的"法向开孔"对话框。

2）在"法向开孔"对话框中单击"绘制截面"按钮，打开"创建草图"对话框。在绘图区中选择草图绘制面，如图 5-32 所示。

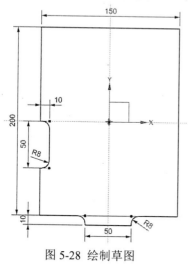

图 5-28 绘制草图

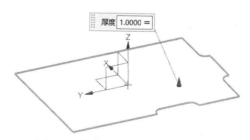

图 5-29 预览所创建的突出块特征

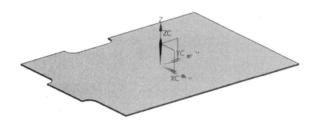

图 5-30 创建突出块特征

图 5-31 "法向开孔"对话框

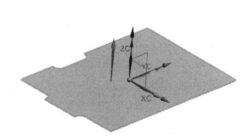

图 5-32 选择草图绘制面

3）单击  按钮，进入草图设计环境，绘制如图 5-33 所示的草图。单击"完成"图标
🏁，草图绘制完毕。

4）预览所创建的法向开孔特征，如图 5-34 所示。

5）在"法向开孔"对话框中，设置"限制"为"直至下一个"，单击 确定 按钮，创建法向开孔特征，如图 5-35 所示。

5. 创建弯边特征

1）选择"菜单(M)"→"插入(S)"→"折弯(N)"→"弯边(F)…"，或者单击"主页"选项卡"基本"面板中的"弯边"按钮 🥬，打开如图 5-36 所示的"弯边"对话框。

2）设置"宽度选项"为"完整"、"长度"为60、"角度"为90、"参考长度"为"外侧"、"内嵌"为"材料外侧"，在"折弯止裂口"和"拐角止裂口"下拉列表中选择"无"。

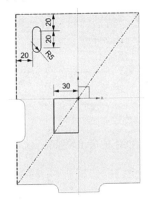

图 5-33 绘制草图

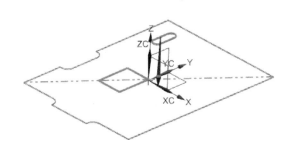

图 5-34 预览所创建的法向开孔特征

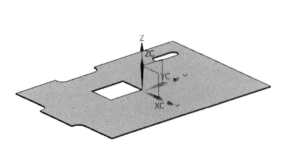

图 5-35 创建法向开孔特征

图 5-36 "弯边"对话框

3）选择弯边，同时在绘图区显示所创建的弯边预览，如图 5-37 所示。

4）在"弯边"对话框中单击 < 确定 > 按钮，创建弯边特征，如图 5-38 所示。

6. 创建法向开孔特征

1）选择"菜单(M)"→"插入(S)"→"切割(T)"→"法向开孔(N)…"，或者单击"主

页"选项卡"基本"面板上的"法向开孔"按钮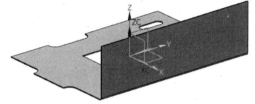，打开如图 5-39 所示的"法向开孔"对话框。

2）在"法向开孔"对话框中单击"绘制截面"按钮，打开"创建草图"对话框。在绘图区中选择草图绘制面，如图 5-40 所示。

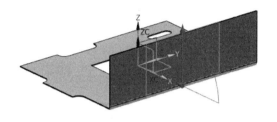

图 5-37 预览所创建的弯边   图 5-38 创建弯边特征

3）单击 确定 按钮，进入草图设计环境，绘制如图 5-41 所示的草图。单击"完成"图标，草图绘制完毕。

4）预览所创建的法向开孔特征，如图 5-42 所示。

5）在"法向开孔"对话框中设置"限制"为"直至下一个"，单击 确定 按钮，创建法向开孔特征，如图 5-43 所示。

7．创建孔特征

1）选择"菜单(M)"→"插入(S)"→"设计特征(E)"→"孔(H)…"，或者单击"主页"选项卡"建模"面板上"更多"库中的"孔"按钮，打开如图 5-44 所示的"孔"对话框，设置类型为"简单"、"孔径"为 10、"深度限制"为"贯通体"。

2）单击"绘制截面"按钮，打开"创建草图"对话框。在绘图区中选择草图绘制面，绘制如图 5-45 所示的草图。

图 5-39 "法向开孔"对话框

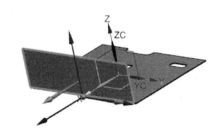

图 5-40 选择草图绘制面

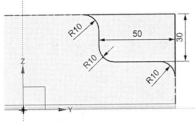

图 5-41 绘制草图

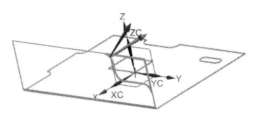

图 5-42 预览所创建的法向开孔特征

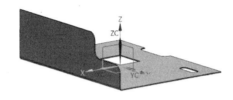

图 5-43 创建法向开孔特征

3）单击"完成"图标![icon]，草图绘制完毕，返回到"孔"对话框，单击< 确定 >按钮，创建孔特征，如图 5-46 所示。

8．创建弯边特征

1）选择"菜单(M)"→"插入(S)"→"折弯(N)"→"弯边(F)…"，或者单击"主页"选项卡"基本"面板中的"弯边"按钮![icon]，打开如图 5-47 所示的"弯边"对话框。

2）设置"宽度选项"为"完整"、"长度"为 50、"角度"为 90、"参考长度"为"外侧"、"内嵌"为"材料外侧"，在"折弯止裂口"和"拐角止裂口"下拉列表中选择"无"。

图 5-44 "孔"对话框

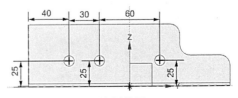

图 5-45 绘制草图

图 5-46 创建孔特征

3）选择弯边，同时在绘图区中显示所创建的弯边预览，如图 5-48 所示。

4）在"弯边"对话框中单击 **确定** 按钮，创建弯边特征，如图 5-49 所示。

9．创建法向开孔特征

1）选择"菜单(M)"→"插入(S)"→"切割(T)"→"法向开孔(N)..."，或者单击"主页"选项卡"基本"面板上的"法向开孔"按钮，打开"法向开孔"对话框，单击"绘制截面"按钮，打开"创建草图"对话框。在绘图区中选择草图绘制面，如图 5-50 所示。

2）单击 **确定** 按钮，进入草图设计环境，绘制如图 5-51 所示的草图。单击"完成"图标，草图绘制完毕。

3）预览所创建的法向开孔特征，如图 5-52 所示。

4）在"法向开孔"对话框中单击 **< 确定 >** 按钮，创建法向开孔特征，如图 5-53 所示。

10．创建弯边特征

1）选择"菜单(M)"→"插入(S)"→"折弯(N)"→"弯边(F)..."，或者单击"主页"选项卡"基本"面板中的"弯边"按钮，打开"弯边"对话框。

图 5-47 "弯边"对话框

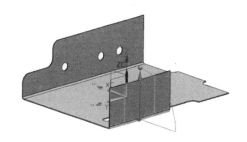

图 5-48 预览所创建的弯边

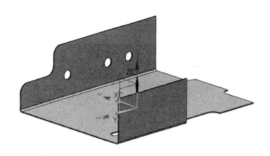

图 5-49 创建弯边特征

2）设置"宽度选项"为"完整"、"长度"为30、"角度"为90、"参考长度"为"外侧"、"内嵌"为"材料外侧"，在"折弯止裂口"和"拐角止裂口"下拉列表中选择"无"。

3）在绘图区中选择如图 5-54 所示的弯边。

4）在"弯边"对话框中单击 应用 按钮，创建弯边特征，如图 5-55 所示。

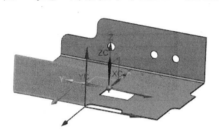

图 5-50 选择草图绘制面

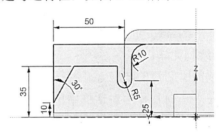

图 5-51 绘制草图

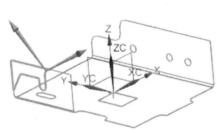

图 5-52 预览所创建的法向开孔特征

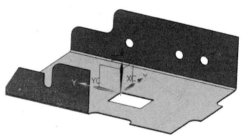

图 5-53 创建法向开孔特征

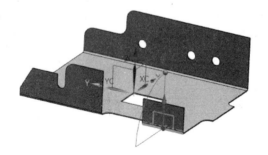

图 5-54 选择弯边

5）设置"宽度选项"为"在中心"、"宽度"为60、"长度"为30、"角度"为90、"参考长度"为"外侧"、"内嵌"为"折弯外侧"，在"折弯止裂口"和"拐角止裂口"下拉列表中选择"无"。

6）选择弯边，同时在绘图区显示所创建的弯边预览，如图 5-56 所示。

7）在"弯边"对话框中单击 <确定> 按钮，创建弯边特征，如图 5-57 所示。

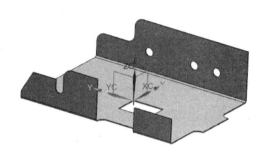

图 5-55 创建弯边特征

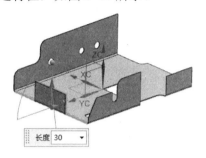

图 5-56 预览所创建的弯边

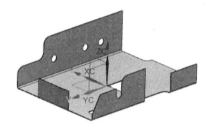

图 5-57 创建弯边特征

11．创建倒角特征

1）选择"菜单(M)"→"插入(S)"→"拐角(O)"→"倒角(B) ..."，或者单击"主页"选项卡"拐角"面板上的"倒角"按钮 ◇，打开如图 5-58 所示的"倒角"对话框。在"方法"下拉列表中选择"圆角"，在"半径"文本框中输入 10。

图 5-58 "倒角"对话框

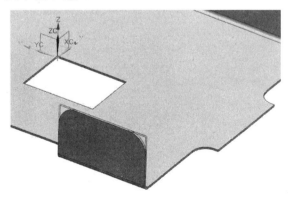

图 5-59 选择倒角边

2）选择如图 5-59 所示的要倒角的边。单击 <确定> 按钮，创建倒角特征，如图 5-60 所示。

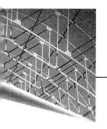

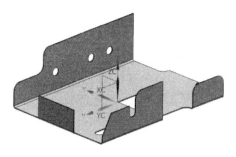

图 5-60 倒角特征

12．创建轮廓弯边特征

1）选择"菜单（M）"→"插入（S）"→"折弯（N）"→"轮廓弯边（C）…"，或者单击"主页"选项卡"基本"面板上"弯边"下拉菜单中的"轮廓弯边"按钮，打开如图 5-61 所示的"轮廓弯边"对话框。设置宽度选项为"有限"、"宽度"为50、"折弯止裂口"和"拐角止裂口"为"无"。

2）在"轮廓弯边"对话框中单击"绘制截面"按钮，选择如图 5-62 所示的平面为草图绘制面，绘制轮廓弯边特征轮廓草图，如图 5-63 所示。单击"完成"图标，草图绘制完毕。

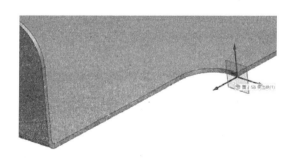

图 5-61 "轮廓弯边"对话框

图 5-62 选择草图绘制面

3）在"轮廓弯边"对话框中单击 确定 按钮，创建轮廓弯边特征如图 5-64 所示。

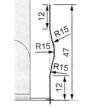

图 5-63 绘制草图

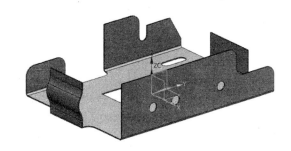

图 5-64 绘制轮廓弯边

5.3.2 机箱顶板

本例绘制的机箱顶板如图 5-65 所示。首先绘制机箱顶板的基体主板，然后在其上面创建弯边，最后创建造型和孔。

图 5-65 机箱顶板

1. 创建新文件

选择"菜单(<u>M</u>)"→"文件(<u>F</u>)"→"新建(<u>N</u>)..."，或者单击"主页"选项卡"标准"面板中的"新建"按钮，打开"新建"对话框。在"模板"列表中选择"NX 钣金"，在"名称"文本框中输入"机箱顶板"，单击 确定 按钮，进入 UG NX 钣金设计环境。

2. 钣金参数预设置

1）选择"菜单(<u>M</u>)"→"首选项(<u>P</u>)"→"钣金(<u>H</u>)..."，打开如图 5-66 所示的"钣金首选项"对话框。

图 5-66 "钣金首选项"对话框

2）设置"材料厚度"为1，"折弯半径"为2，其他采用默认设置，单击 确定 按钮，完成 NX 钣金参数预设置。

3．创建突出块特征

1）选择"菜单(M)"→"插入(S)"→"突出块(B)..."，或者单击"主页"选项卡"基本"面板上的"突出块"按钮 ，打开如图 5-67 所示的"突出块"对话框。

2）在"类型"下拉列表中选择"基本"，单击"绘制截面"按钮 ，打开如图 5-68 所示的"创建草图"对话框。设置 XY 平面为草图绘制面，单击 确定 按钮，进入草图绘制环境，绘制如图 5-69 所示的草图。单击"完成"按钮 ，草图绘制完毕。

图 5-67　"突出块"对话框

图 5-68　"创建草图"对话框

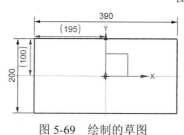

图 5-69　绘制的草图

3）在"突出块"对话框的"厚度"文本框中输入 1。单击 确定 按钮，创建突出块特征，如图 5-70 所示。

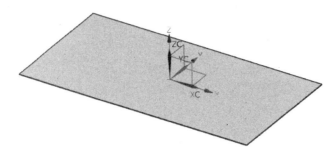

图 5-70　创建突出块特征

4．创建弯边特征 1

1）选择"菜单(M)"→"插入(S)"→"折弯(N)"→"弯边(F)…"，或者单击"主页"选项卡"基本"面板中的"弯边"按钮，打开如图 5-71 所示的"弯边"对话框。

2）在图 5-71 所示的对话框中，设置"宽度选项"为"完整"、"长度"为 23、"角度"为 90、"参考长度"为"外侧"、"内嵌"为"折弯外侧"，在"折弯止裂口"和"拐角止裂口"下拉列表中选择"无"。

3）选择图 5-72 所示的弯边。单击 < 确定 > 按钮，创建弯边特征 1，如图 5-73 所示。

图 5-71 "弯边"对话框

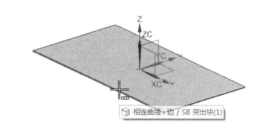

图 5-72 选择弯边

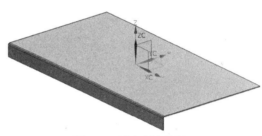

图 5-73 创建弯边特征 1

5．创建轮廓弯边特征

1）选择"菜单(M)"→"插入(S)"→"折弯(N)"→"轮廓弯边(C)…"命令，或者单击"主页"选项卡"基本"面板上"弯边"下拉菜单中的"轮廓弯边"按钮，打开如图 5-74 所示的"轮廓弯边"对话框。

2）在图 5-74 所示的对话框中，设置"类型"为"柱基"，单击"绘制截面"按钮，打开如图 5-75 所示的"创建草图"对话框。

3）选择草图绘制路径，如图 5-76 所示。在"弧长百分比"文本框中输入 50，单击 确定 按钮，进入草图绘制环境，绘制图 5-77 所示的草图。

4）单击"完成"按钮，草图绘制完毕，返回"轮廓弯边"对话框。

5）在对话框中设置"宽度选项"为"对称"、"宽度"为 360。单击 < 确定 > 按钮，创建轮廓弯边特征，如图 5-78 所示。

6．绘制草图并阵列造型

1）选择"菜单(M)"→"插入(S)"→"草图(S)…"，或者单击"主页"选项卡"构造"面板上的"草图"按钮，打开"创建草图"对话框。

 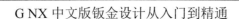

图 5-74 "轮廓弯边"对话框

图 5-75 "创建草图"对话框

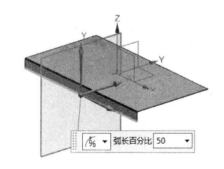

图 5-76 选择草图绘制路径

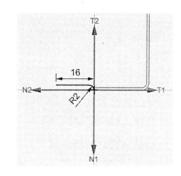

图 5-77 绘制草图

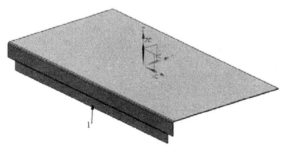

图 5-78 创建轮廓弯边特征

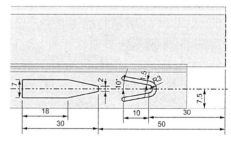

图 5-79 绘制草图

2）在绘图区中选择如图 5-78 所示的面 1 作为草图绘制面，绘制图 5-79 所示的草图。

3）在刚绘制的草图中选择所有已经标注的尺寸并右击，弹出如图 5-80 所示的快捷工具条和菜单。

4）在图 5-80 所示的快捷工具条中单击"删除"按钮 ✕，删除所有选中的尺寸标注，结果如图 5-81 所示。

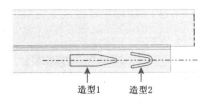

造型1 造型2

图 5-80 快捷工具条和菜单   图 5-81 删除尺寸标注后的草图

5）选择"菜单(M)"→"插入(S)"→"来自曲线集的曲线(F)"→"阵列曲线(P)…"，打开如图 5-82 所示的"阵列曲线"对话框。

6）在绘图区选择图 5-81 中的造型 1 为阵列对象，数字中心线为阵列方向。在"阵列曲线"对话框中选择"线性"布局，输入"数量"为 6、"间隔"为 65。单击 应用 按钮，完成造型 1 的阵列。

7）重复步骤 5）和 6），选择图 5-81 中的造型 2 为阵列对象，在"阵列曲线"对话框中输入"数量"为 5、"间隔"为 65。单击 <确定> 按钮，完成造型 2 的阵列，结果如图 5-83 所示。

图 5-82 "阵列曲线"对话框

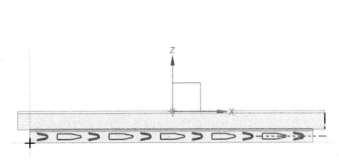

图 5-83 阵列造型后的草图

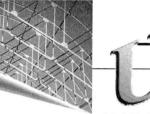

7. 创建法向开孔特征 1

1）选择"菜单(M)"→"插入(S)"→"切割(T)"→"法向开孔(N)…"，或者单击"主页"选项卡"基本"面板上的"法向开孔"按钮，打开如图 5-84 所示的"法向开孔"对话框。

2）在绘图区选择图 5-83 中阵列造型后的草图为截面。

3）"法向开孔"对话框中设置"切割方法"为"厚度"、"限制"为"贯通"。单击 确定 按钮，创建法向开孔特征 1，如图 5-85 所示。

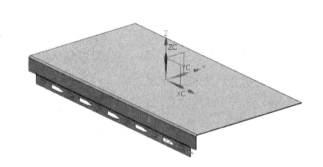

图 5-84 "法向开孔"对话框　　　　　图 5-85 创建法向开孔特征

8. 创建弯边特征 2

1）选择"菜单(M)"→"插入(S)"→"折弯(N)"→"弯边(F)…"，或者单击"主页"选项卡"基本"面板中的"弯边"按钮，打开"弯边"对话框。

2）设置"宽度选项"为"在中心"、"宽度"为 194、"长度"为 14、"角度"为 90、"参考长度"为"内侧"、"内嵌"为"材料内侧"，在"折弯止裂口"和"拐角止裂口"下拉列表中选择"无"，如图 5-86 所示。

3）选择折弯边，如图 5-87 所示。单击 确定 按钮，创建弯边特征 2，如图 5-88 所示。

9. 创建法向开孔特征

1）选择"菜单(M)"→"插入(S)"→"切割(T)"→"法向开孔(N)…"，或者单击"主页"选项卡"基本"面板上的"法向开孔"按钮，打开如图 5-89 所示的"法向开孔"对话框。

2）在绘图区选择图 5-88 中的面 2 为草图绘制面，进入草图绘制环境，绘制如图 5-90 所示的草图。单击"完成"按钮，草图绘制完毕。

3）在"法向开孔"对话框中设置"切割方法"为"厚度"、"限制"为"直至下一个"。单击 确定 按钮，创建法向开孔特征 2，如图 5-91 所示。

图 5-86 "弯边"对话框

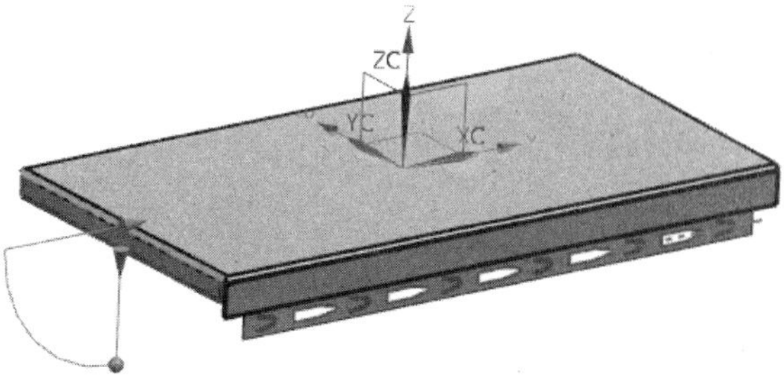

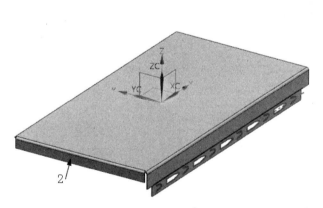

图 5-87 选择折弯边

图 5-88 创建弯边特征

图 5-89 "法向开孔"对话框

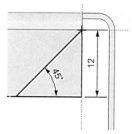

图 5-90 绘制草图

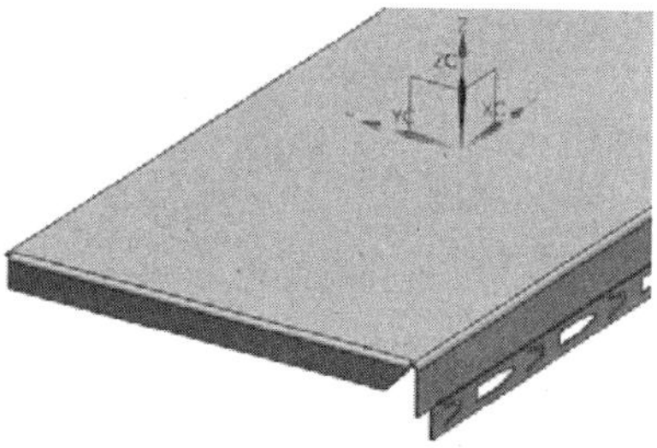

图 5-91 创建法向开孔特征 2

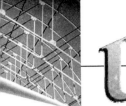

10．创建弯边特征3

1）选择"菜单(M)"→"插入(S)"→"折弯(N)"→"弯边(F)…"，或者单击"主页"选项卡"基本"面板中的"弯边"按钮，打开如图5-92所示的"弯边"对话框。

图5-92 "弯边"对话框

2）设置"宽度选项"为"完整"、"长度"为14、"角度"为90、"参考长度"为"内侧"、"内嵌"为"材料外侧"，在"折弯止裂口"和"拐角止裂口"下拉列表中选择"无"。

3）选择折弯边，如图5-93所示。单击 < 确定 > 按钮，创建弯边特征3，如图5-94所示。

11．创建法向开孔特征3

1）选择"菜单(M)"→"插入(S)"→"切割(T)"→"法向开孔(N)…"，或者单击"主页"选项卡"基本"面板上的"法向开孔"按钮，打开"法向开孔"对话框。

图5-93 选择折弯边

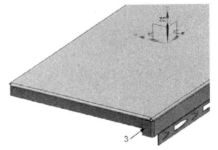

图5-94 创建弯边特征3

2）在绘图区选择图5-94中的面3作为草图绘制面，如图5-94所示，进入草图绘制环境，绘制如图5-95所示的草图。单击"完成"按钮，草图绘制完毕。

3）在"法向开孔"对话框中设置"切割方法"为"厚度"、"限制"为"直至下一个"。单击 <确定> 按钮，创建法向开孔特征 3，如图 5-96 所示。

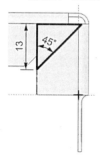

图 5-95 绘制草图

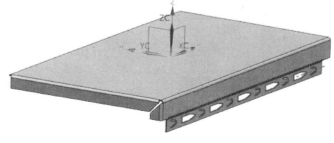

图 5-96 创建法向开孔特征 3

12．镜像特征

1）选择"菜单(M)"→"插入(S)"→"关联复制(A)"→"镜像特征(R)…"，或单击"主页"选项卡"建模"面板上的"镜像特征"按钮 ，打开"镜像特征"对话框，如图 5-97 所示。

2）选择步骤 4、5、7、8、9 创建的特征为要镜像的特征。

3）在"平面"下拉列表中选择"新平面"选项，在"指定平面"下拉列表中选择"XC-ZC 平面"，单击 确定 按钮，创建镜像特征，

4）重复步骤 10 和 11，在另一侧创建弯边和法向开孔特征，如图 5-98 所示。

图 5-97 "镜像特征"对话框

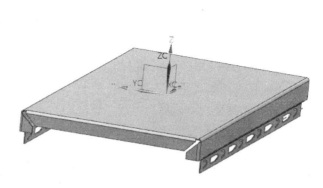

图 5-98 创建镜像特征后的钣金件

13．创建孔特征 1

1）选择"菜单(M)"→"插入(S)"→"设计特征(E)"→"孔(H)…"，或单击"主页"选项卡"建模"面组"更多"库中的"孔"按钮 ，打开如图 5-99 所示的"孔"对话框。

2）选择孔类型为"简单"，在"孔径"文本框中输入 5，将"深度限制"设置为"直至下一个"。

3）在绘图区选择图 5-100 中的面 4 作为孔放置面，进入草图绘制环境，绘制如图 5-101

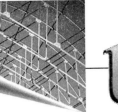

所示的草图。单击"完成"图标，草图绘制完毕。

图 5-99 "孔"对话框

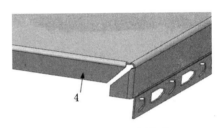

图 5-100 选择放置面

4）单击 <确定> 按钮，创建孔特征 1，如图 5-102 所示。

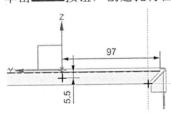

图 5-101 定位尺寸

图 5-102 创建孔特征 1 后的钣金件

14．创建孔特征

1）选择"菜单(M)"→"插入(S)"→"设计特征(E)"→"孔(H)..."，或单击"主页"选项卡"建模"面组"更多"库中的"孔"按钮，打开"孔"对话框。

2）选择孔类型为"简单"，在"孔径"文本框中输入 5，将"深度限制"设置为"直至下一个"。

3）在绘图区选择图 5-103 中的面 5 作为孔放置面。进入草图绘制环境，绘制如图 5-104 所示的草图。单击"完成"按钮，草图绘制完毕。

4）单击 <确定> 按钮，创建孔特征 2，如图 5-105 所示。

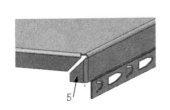

图 5-103 选择放置面

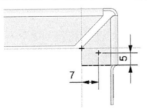

图 5-104 定位尺寸

图 5-105 创建孔特征 2

15．镜像孔特征

1）选择"菜单(M)"→"插入(S)"→"关联复制(A)"→"镜像特征(R)…"，或者或单击"主页"选项卡"建模"面板上的"镜像特征"按钮，打开如图 5-106 所示的"镜像特征"对话框。

2）选择所创建的孔特征为镜像特征。

3）在"平面"下拉列表中选择"新平面"选项，在"指定平面"下拉列表中选择"XC-ZC 平面"。

4）单击 确定 按钮，完成镜像孔特征，结果如图 5-107 所示。

图 5-106 "镜像特征"对话框

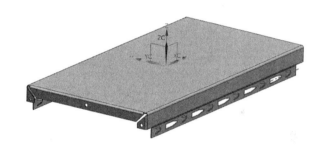

图 5-107 镜像孔特征

第6章

成形

本章主要介绍了成形特征的创建方法和过程。

重点与难点
- 伸直
- 重新折弯

6.1 伸直

利用伸直命令可以取消折弯钣金零件的折弯特征,然后在折弯区域创建裁剪和孔等特征。

选择"菜单(M)"→"插入(S)"→"成形(R)"→"伸直(U)...",或者单击"主页"选项卡"折弯"面板上的"伸直"按钮 ,打开如图 6-1 所示的"伸直"对话框。

图 6-1 "伸直"对话框

6.1.1 选项及参数

1. 固定面或边

用来选择钣金零件平面或者边缘作为固定位置来创建取消折弯特征。

2. 折弯

用来选择将要进行取消折弯操作的折弯区域,可以选择一个或多个折弯区域圆柱面(内侧和外侧均可),选择折弯面后,折弯区域将高亮显示。伸直示意图如图 6-2 所示。

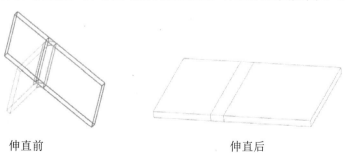

伸直前　　　　　　　　　　伸直后

图 6-2 伸直示意图

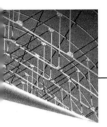

6.1.2 实例——挠件 2

1．打开钣金文件

选择"菜单(S)"→"文件(F)"→"打开(O)..."，打开"打开"对话框，选择"挠件
1.prt"，单击 确定 按钮，进入 UG NX 主界面。

2．创建取消折弯特征

1）选择"菜单(M)"→"插入(S)"→"成形(R)"→"伸直（U）..."，或者单击"主页"
选项卡"折弯"面板上的"伸直"按钮，打开如图 6-3 所示的"伸直"对话框。

2）在绘图区中选择如图 6-4 所示的面为固定面。

图 6-3 "伸直"对话框

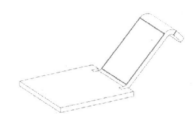

图 6-4 选择固定面

3）选择如图 6-5 所示的折弯面。

4）单击"确定"按钮，完成折弯面伸直，结果如图 6-6 所示。

图 6-5 选择折弯面

图 6-6 折弯面伸直

3．另存为文件

选择"菜单(M)"→"文件(F)"→"另存为(A)..."，打开"另存为"对话框，将文件另
存为"挠件 2.prt"文件。

6.2 重新折弯

利用重新折弯命令可以在取消折弯的钣金零件上添加裁剪和孔等特征后重新进行折弯操

作。

选择"菜单(M)"→"插入(S)"→"成形(R)"→"重新折弯(R)...",或者单击"主页"选项卡"折弯"面板上的"重新折弯"按钮💎,打开如图 6-7 所示的"重新折弯"对话框。

图 6-7 "重新折弯"对话框

6.2.1 选项及参数

限制面,用来选择已经执行取消折弯操作的折弯面。可以选择一个或多个取消折弯特征,执行重新折弯操作,所选择的取消折弯特征将高亮显示。

重新折弯示意图如图 6-8 所示。

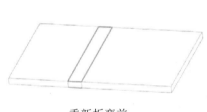

重新折弯前   重新折弯后

图 6-8 重新折弯示意图

6.2.2 实例——挠件 3

1. 打开钣金文件

选择"菜单(M)"→"文件(F)"→"打开(O)...",打开"打开"对话框,选择"挠件 2.prt",单击 确定 按钮,进入 UG NX 主界面。

2. 创建孔特征

1)选择"菜单(M)"→"插入(S)"→"设计特征(E)"→"孔(H)...",打开如图 6-9 所示的"孔"对话框。

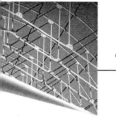

2）在"孔"对话框中单击"绘制截面"按钮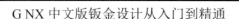，打开"创建草图"对话框，选择如图 6-10 所示的面作为草图绘制面，单击 确定 按钮，进入到草图绘制环境，打开"草图点"对话框，创建如图 6-11 所示的点。单击"完成"图标，返回到"孔"对话框，在"类型"下拉列表中选择"简单"，在"孔径"文本框中输入 5，在"深度限制"下拉列表中选择"贯通体"，单击 <确定> 按钮，完成如图 6-12 所示孔特征的创建。

图 6-9 "孔"对话框

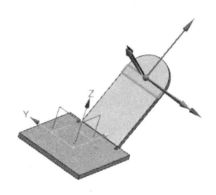

图 6-10 草图放置面

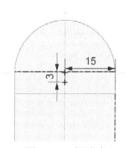

图 6-11 创建点

图 6-12 创建孔特征

3．创建重新折弯特征

1）选择"菜单(M)"→"插入(S)"→"成形(R)"→"重新折弯(R)..."，或者单击"主页"选项卡"折弯"面板上的"重新折弯"按钮，打开如图 6-13 所示的"重新折弯"对话框。

2）在绘图区中选择如图 6-14 所示的面为重新折弯面。

3）在"重新折弯"对话框中单击 ＜确定＞ 按钮，创建重新折弯特征，如图 6-15 所示。

4.保存文件

选择"菜单(M)"→"文件(F)"→"另存为(A)..."，打开"另存为"对话框，在"文件名"文本框中输入"挠件 3.prt"，单击 确定 按钮，保存文件，然后退出 UG 系统。

图 6-13 "重新折弯"对话框

图 6-14 选择重新折弯面

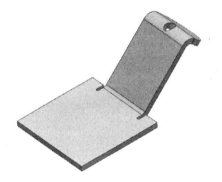

图 6-15 创建重新折弯特征

6.3 综合实例

6.3.1 铰链

首先利用突出块命令创建基本钣金件，然后利用弯边命令创建两侧附加壁，再利用孔命令创建孔，利用法向开孔命令修剪钣金件。创建的铰链如图 6-16 所示。

1．创建钣金文件

选择"菜单(M)"→"文件(F)"→"新建(N)..."，或者单击"主页"选项卡"标准"面板中的"新建"按钮，打开"新建"对话框，在"模型"选项卡中选择"NX 钣金"模板。在"名称"文本框中输入"铰链"，在"文件夹"文本框中输入保存路径，单击 确定 按钮，进入 UG NX 建模设计环境。

2．钣金参数预设置

选择"菜单(M)"→"首选项(P)"→"钣金(H)..."，打开如图 6-17 所示的"钣金首选项"对话框。在"全局参数"学校组中设置"材料厚度"为 1、"折弯半径"为 0.5、"让位槽深度"和"让位槽宽度"均为 0，在"方法"下拉列表中选择"公式"，在"公式"下拉列表中选择"折弯许用半径"。单击 确定 按钮，完成 NX 钣金参数预设置。

图 6-16 铰链　　　　　　　　图 6-17 "钣金首选项"对话框

3．创建突出块特征

1）选择"菜单(M)"→"插入(S)"→"突出块(B)..."，或者单击"主页"选项卡"基本"面板上的"突出块"按钮 ，打开如图 6-18 所示的"突出块"对话框。

2）在"突出块"对话框中的"类型"下拉列表框中选择"基本"，单击"绘制截面" 按钮，打开如图 6-19 所示的"创建草图"对话框。

图 6-18 "突出块"对话框

图 6-19 "创建草图"对话框

3）选择 XY 平面为草图绘制面，在"创建草图"对话框中单击 确定 按钮，进入草图绘制环境，绘制如图 6-20 所示的草图。单击"完成"图标 ，草图绘制完毕。

4）在绘图区显示如图 6-21 所示创建的突出块特征预览。

5）在"突出块"对话框中单击 < 确定 > 按钮，创建突出块特征，如图 6-22 所示。

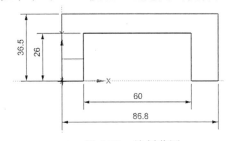

图 6-20　绘制草图

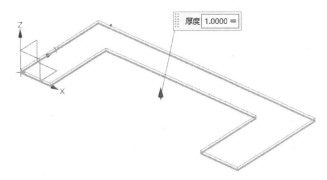

图 6-21　预览所创建的突出块特征

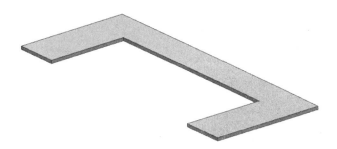

图 6-22　创建突出块特征

4．创建弯边特征

1）选择"菜单(M)"→"插入(S)"→"折弯(N)"→"弯边(F)..."，或者单击"主页"选项卡"基本"面板中的"弯边"按钮 ，打开如图 6-23 所示的"弯边"对话框。设置"宽度选项"为"完整"、"长度"为 27、"角度"为 90、"参考长度"为"外侧"、"内嵌"为"材料外侧"，在"折弯止裂口"和"拐角止裂口"下拉列表中选择"无"。

2）选择弯边，同时在绘图区显示所创建的弯边预览，如图 6-24 所示。

3）在"弯边"对话框中单击 应用 按钮，创建弯边特征 1，如图 6-25 所示。

4）选择弯边，在绘图区显示所创建的弯边预览，如图 6-26 所示。在"弯边"对话框中设置"宽度选项"为"完整"、"长度"为27、"角度"为90、"参考长度"为"外侧"、"内嵌"为"材料外侧"、"折弯止裂口"和"拐角止裂口"为"无"。

图 6-23 "弯边"对话框

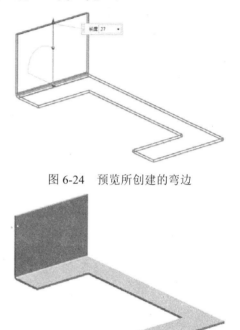

图 6-24 预览所创建的弯边

图 6-25 创建弯边特征 1

5）在"弯边"对话框中单击 ⟨ 确定 ⟩ 按钮，创建弯边特征 6，如图 6-27 所示。

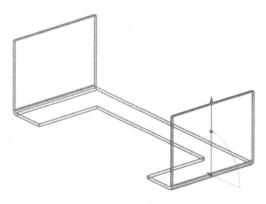

图 6-26 选择弯边

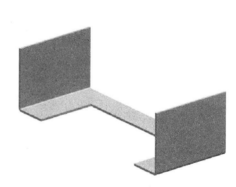

图 6-27 创建弯边特征 6

5. 创建孔 1

1）选择"菜单(M)"→"插入(S)"→"设计特征(E)"→"孔(H)…"，或者单击"主页"选项卡"建模"面板中"更多"库下的"孔"按钮 ⬛，打开如图 6-28 所示的"孔"对话框。设置"类型"为"简单"、"孔径"为4.2、"深度限制"为"贯通体"。

2）在"孔"对话框中单击 图标，打开"创建草图"对话框。在绘图区选择草图绘制面，如图 6-29 所示。

3）打开如图 6-30 所示的"草图点"对话框，在视图中创建如图 6-31 所示的点。单击"完成"图标，草图绘制完毕。

4）在绘图区预览所创建的孔特征，如图 6-32 所示。

图 6-28 "孔"对话框

图 6-29 选择草图绘制面

图 6-30 "草图点"对话框

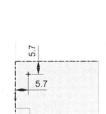

图 6-31 绘制点

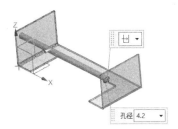

图 6-32 预览所创建的孔特征

5）在"孔"对话框中单击 <确定> 按钮，创建孔特征 1，如图 6-33 所示。

6．伸直

1）选择"菜单(M)"→"插入(S)"→"成形(R)"→"伸直(U)…"，或者单击"主页"选项卡"折弯"面板上的"伸直"按钮，打开如图 6-34 所示的"伸直"对话框。

2）在绘图区选择固定面，如图 6-35 所示。

3）在绘图区选择折弯，如图 6-36 所示。

4）在"伸直"对话框中单击 <确定> 按钮，创建伸直特征，如图 6-37 所示。

7．绘制草图

1）选择"菜单(M)"→"插入(S)"→"草图(S)…"，打开"创建草图"对话框。在绘图区选择草图绘制面，如图 6-38 所示。

2）进入草图绘制环境，绘制如图 6-39 所示的草图。单击"完成"图标，草图绘制完

毕。

图 6-33 创建孔特征 1

图 6-34 "伸直"对话框

图 6-35 选择固定面

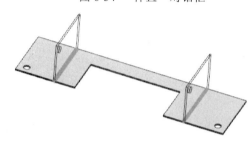

图 6-36 选择折弯

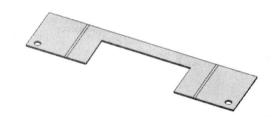

图 6-37 创建伸直特征

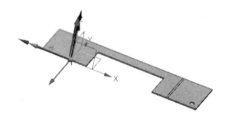

图 6-38 选择草图绘制面

8．创建法向开孔特征

1）选择"菜单(<u>M</u>)"→"插入(<u>S</u>)"→"切割(<u>T</u>)"→"法向开孔(<u>N</u>)..."，或者单击"主页"选项卡"基本"面板上的"法向开孔"按钮，打开如图 6-40 所示的"法向开孔"对话框。

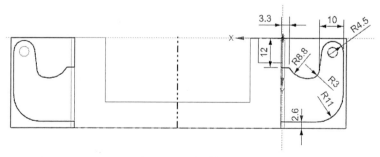

图 6-39　绘制草图

2）在绘图区选择刚创建的草图，如图 6-41 所示。

3）在"法向开孔"对话框中设置"切割方法"为"厚度"、"限制"为"直至下一个"，单击 < 确定 > 按钮，创建法向开孔特征，如图 6-42 所示。

图 6-40 "法向开孔"对话框

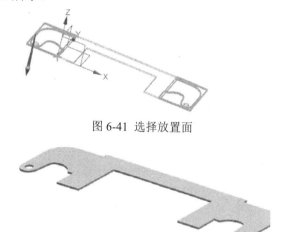

图 6-41 选择放置面

图 6-42 裁剪其他弯边

9．创建重新折弯特征

1）选择"菜单(M)"→"插入(S)"→"成形(R)"→"重新折弯(R)…"，或者单击"主页"选项卡"折弯"面板上的"重新折弯"按钮，打开如图 6-43 所示的"重新折弯"对话框。

图 6-43 "重新折弯"对话框

2）在绘图区选择折弯，如图 6-44 所示。

3）在"重新折弯"对话框中单击 < 确定 > 按钮，创建重新折弯特征，如图 6-45 所示。

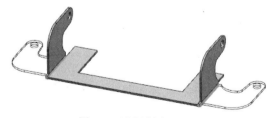

图 6-44 选择折弯

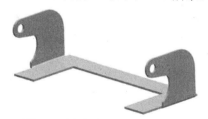

图 6-45 创建重新折弯特征

10．创建孔特征 2

1）选择"菜单(M)"→"插入(S)"→"设计特征(E)"→"孔(H)…"，或者单击"主页"

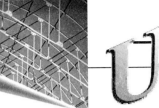

选项卡"建模"面组"更多"库下的"孔"按钮，打开如图 6-46 所示的"孔"对话框。设置"类型"为"简单"、"孔径"为 4、"深度限制"为"贯通体"。

（2）在"孔"对话框中单击图标，打开"创建草图"对话框。在绘图区选择草图绘制面，如图 6-47 所示。

图 6-46 "孔"对话框

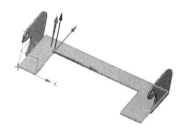

图 6-47 选择草图绘制面

3）打开如图 6-48 所示的"草图点"对话框，在视图中创建如图 6-49 所示的点，单击"完成"图标，草图绘制完毕。

图 6-48 "草图点"对话框

图 6-49 绘制点

4）绘图区预览所创建的孔特征，如图 6-50 所示。

5）在"孔"对话框中单击 < 确定 > 按钮，创建孔特征 2，如图 6-51 所示。

11．阵列孔特征

1）选择"菜单(M)"→"插入(S)"→"关联复制(A)"→"阵列特征(A)..."，或者单击"主页"选项卡"建模"面板上的"阵列特征"按钮，打开如图 6-52 所示的"阵列特征"对话框。

2）在绘图区或导航器中选择刚创建的孔为要形成阵列的特征。

3）在"布局"下拉列表中选择"线性"，指定"方向 1"为 XC 轴，输入"数量"为 2"间隔"为 70，勾选"使用方向 2"复选框，指定"方向 2"为 YC 轴，输入"数量"为 2、

"间隔"为-20。

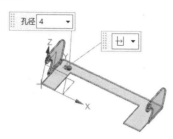

图 6-50 预览所创建的孔特征

图 6-51 创建孔特征 2

4）单击 确定 按钮，阵列孔特征，如图 6-53 所示。

图 6-52 "阵列特征"对话框

图 6-53 阵列孔特征

6.3.2 电气箱下箱体

首先利用轮廓弯边命令创建基本钣金件，然后利用弯边命令创建四周的弯边，再利用法向开孔命令修剪钣金件，最后利用折弯命令完成电气箱下箱体的创建。创建的电气箱下箱体如图 6-54 所示。

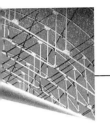

图 6-54　电气箱下箱体

1. 创建 NX 钣金文件

选择"菜单(M)"→"文件(F)"→"新建(N)...",或者单击"主页"选项卡"标准"面板中的"新建"按钮，打开"新建"对话框。在"模型"选项卡中选择"NX 钣金"模板，在"名称"文本框中输入"电气箱下箱体"，在"文件夹"文本框中输入保存路径，然后单击　确定　按钮进入 UG NX 钣金设计环境。

2. 钣金参数预设置

选择"菜单(M)"→"首选项(P)"→"钣金(H)..."命令，打开如图 6-55 所示的"钣金首选项"对话框。在"全局参数"选项组中设置"材料厚度"为 0.5、"折弯半径"为 1、"让位槽深度"和"让位槽宽度"都为 0，在"方法"下拉列表中选择"公式"，在"公式"下拉列表中选择"折弯许用半径"。单击　确定　按钮，完成 NX 钣金参数预设置。

3. 创建轮廓弯边特征

1) 选择"菜单(M)"→"插入(S)"→"折弯(N)"→"轮廓弯边(C)...",或者单击"主页"选项卡"基本"面板上"弯边"下拉菜单中的"轮廓弯边"按钮，打开如图 6-56 所示的"轮廓弯边"对话框。设置"宽度选项"为"有限"、"宽度"为 200、"折弯止裂口"和"拐角止裂口"均为"无"。

2) 在"轮廓弯边"对话框中单击　图标，选择 XY 平面为草图绘制面，绘制轮廓弯边特征轮廓草图，如图 6-57 所示。单击"完成"图标，草图绘制完毕。

3) 在"轮廓弯边"对话框中单击　确定　按钮，创建轮廓弯边特征，如图 6-58 所示。

4. 创建弯边特征

1) 选择"菜单(M)"→"插入(S)"→"折弯(N)"→"弯边(F)...",或者单击"主页"选项卡"基本"面板中的"弯边"按钮，打开如图 6-59 所示的"弯边"对话框。设置"宽度选项"为"完整"、"长度"为 10、"角度"为 90、"参考长度"为"外侧"、"内嵌"为"折弯外侧"，在"折弯止裂口"和"拐角止裂口"下拉列表中选择"无"。

2) 选择弯边，同时在绘图区显示所创建的弯边预览，如图 6-60 所示。

3) 在"弯边"对话框中单击　应用　按钮，创建弯边特征 1，如图 6-61 所示。

4) 选择弯边，同时在绘图区显示所创建的弯边预览，如图 6-62 所示。

5) 在"弯边"对话框中单击　应用　按钮，创建弯边特征 2，如图 6-63 所示。

6) 选择弯边，同时在绘图区显示所创建的弯边预览，如图 6-64 所示。

7) 在"弯边"对话框中单击　确定　按钮，创建弯边特征 3，如图 6-65 所示。

图 6-55 "钣金首选项"对话框

图 6-56 "轮廓弯边"对话框

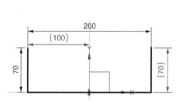

图 6-57 绘制草图

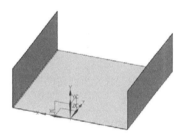

图 6-58 创建轮廓弯边特征

图 6-59 "弯边"对话框

图 6-60 预览所创建的弯边

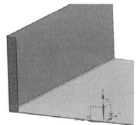

图 6-61 创建弯边特征

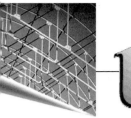

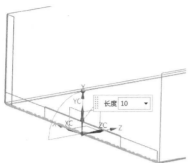

图 6-62　预览所创建的弯边

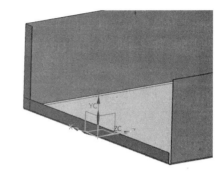

图 6-63　创建弯边特征 2

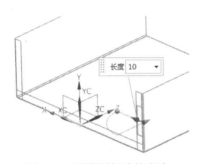

图 6-64　预览所创建的弯边

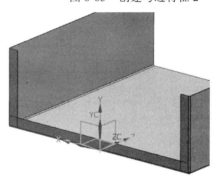

图 6-65　创建弯边特征 3

5. 创建伸直特征

1）选择"菜单(M)"→"插入(S)"→"成形(R)"→"伸直(U)…"，或者单击"主页"选项卡"折弯"面板上的"伸直"按钮 ，打开如图 6-66 所示的"伸直"对话框。

2）在绘图区选择固定面，如图 6-67 所示。

3）在绘图区选择所有的折弯，如图 6-68 所示。

图 6-66　"伸直"对话框

4）在如图 6-66 所示的对话框中单击 确定 按钮，创建伸直特征，如图 6-69 所示。

6. 创建法向开孔特征

1）选择"菜单(M)"→"插入(S)"→"切割(T)"→"法向开孔(N)…"，或者单击"主

页"选项卡"基本"面板上的"法向开孔"按钮，打开如图 6-70 所示的"法向开孔"对话框。

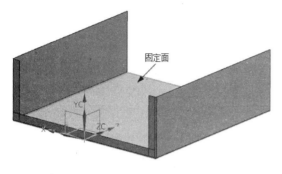

图 6-67　选择固定面

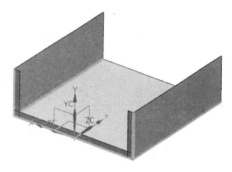

图 6-68　选择所有折弯

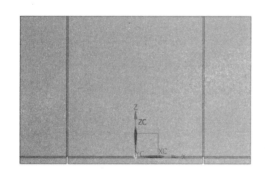

图 6-69　创建伸直特征

图 6-70　"法向开孔"对话框

2）在"法向开孔"对话框中单击 图标，打开"创建草图"对话框。在绘图区选择草图绘制面，如图 6-71 所示。

3）在"创建草图"对话框中单击 确定 按钮，进入草图设计环境，绘制如图 6-72 所示的草图。单击"完成"图标 ，草图绘制完毕。

4）在绘图区预览所创建的法向开孔特征，如图 6-73 所示。

5）在"法向开孔"对话框中，设置"切割方法"为"厚度"，"限制"为"直至下一个"，单击 < 确定 > 按钮，创建法向开孔特征 1，如图 6-74 所示。

7. 创建重新折弯特征

1）选择"菜单(M)"→"插入(S)"→"成形(R)"→"重新折弯(R)..."，或者单击"主页"选项卡"折弯"面板上的"重新折弯"按钮 ，打开如图 6-75 所示的"重新折弯"对话框。

2）在绘图区选择所有折弯，如图 6-76 所示。

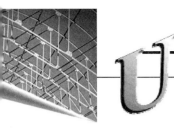

图 6-71　选择草图绘制面

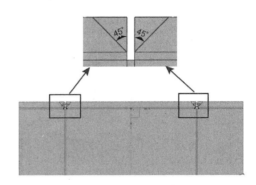

图 6-72　绘制草图

图 6-73　预览所创建的法向开孔特征

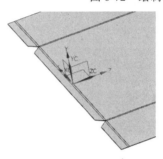

图 6-74　创建法向开孔特征

3）在"重新折弯"对话框中单击 < 确定 > 按钮，创建重新折弯特征，如图 6-77 所示。

图 6-75　"重新折弯"对话框

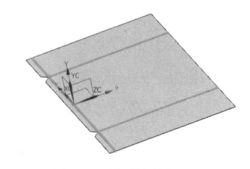

图 6-76　选择所有折弯

8. 创建另一侧特征

重复步骤 3～7，在另一侧创建相同的弯边、法向开孔等特征，结果如图 6-78 所示。

9. 创建弯边特征

1）选择"菜单(M)"→"插入(S)"→"折弯(N)"→"弯边(F)…"，或者单击"主页"选项卡"基本"面板中的"弯边"按钮 ，打开如图 6-79 所示的"弯边"对话框。

2）设置"宽度选项"为"完整"、"长度"为 10、"角度"为 90、"参考长度"为"外侧"、"内嵌"为"折弯外侧"，在"折弯止裂口"和"拐角止裂口"下拉列表中选择"无"。

3）选择弯边，同时在绘图区显示所创建的弯边预览，如图 6-80 所示。

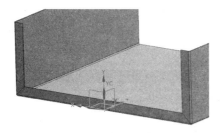

图 6-77 创建重新折弯特征

图 6-78 创建另一侧特征

图 6-79 "弯边"对话框

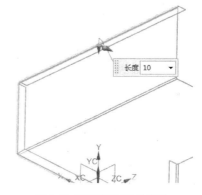

图 6-80 预览所创建的弯边

4）在"弯边"对话框中单击 应用 按钮，创建弯边特征 4，如图 6-81 所示。

5）选择弯边，同时在绘图区预览显示所创建的弯边，如图 6-82 所示。

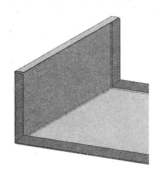

图 6-81 创建弯边特征

图 6-82 预览所创建的弯边

6）在"弯边"对话框中，单击 < 确定 > 按钮，创建弯边特征，如图 6-83 所示。

10．创建封闭拐角特征

1）选择"菜单(M)"→"插入(S)"→"拐角(O)"→"封闭拐角(C)...",或者单击"主页"选项卡"拐角"面板上的"封闭拐角"按钮,打开如图 6-84 所示的"封闭拐角"对话框。

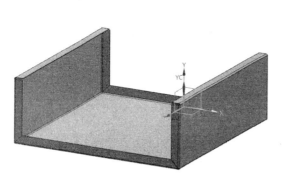

图 6-83 创建弯边特征

图 6-84 "封闭拐角"对话框

2）在"类型"中选择"封闭和止裂口",在"拐角属性"选项组中设置"处理"为"封闭"、"重叠"为"无",输入"缝隙"为 0.1。

3）在绘图区选择两个相邻折弯,如图 6-85 所示。

4）单击 应用 按钮,创建封闭拐角,如图 6-86 所示。

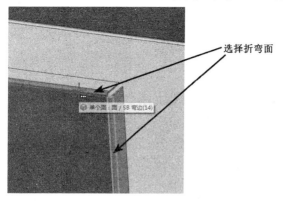

图 6-85 选择相邻折弯面

图 6-86 创建封闭拐角

5）步骤同上,创建相同参数的其他三个封闭拐角,如图 6-87 所示。

11. 创建法向开孔特征

1）选择"菜单(M)"→"插入(S)"→"切割(T)"→"法向开孔(N)...",或者单击"主页"选项卡"基本"面板上的"法向开孔"按钮,打开如图 6-88 所示的"法向开孔"对话框。设置"切割方法"为"厚度"、"限制"为"值",输入"深度"为 1。

2）在"法向开孔"对话框中单击图标,打开"创建草图"对话框。在绘图区选择草图绘制面,如图 6-89 所示。

3）在"创建草图"对话框中单击 确定 按钮,进入草图设计环境,绘制如图 6-90 所示的草图。单击"完成"图标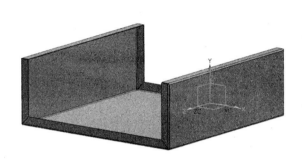，草图绘制完毕。

图 6-87 创建封闭拐角

图 6-88 "法向开孔"对话框

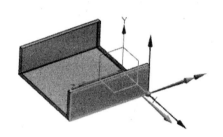

图 6-89 选择草图绘制面

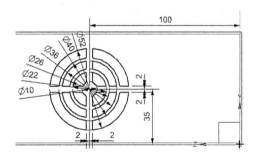

图 6-90 绘制草图

4）绘图区预览所创建的法向开孔特征，如图 6-91 所示。

5）在"法向开孔"对话框中单击 <确定> 按钮，创建法向开孔特征 2，如图 6-92 所示。

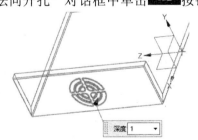

图 6-91 预览所创建的法向开孔特征

图 6-92 创建法向开孔特征 2

12．创建法向开孔特征 3

1）选择"菜单(M)"→"插入(S)"→"切割(T)"→"法向开孔(N)..."，或者单击"主页"选项卡"基本"面板上的"法向开孔"按钮，打开如图 6-93 所示的"法向开孔"对话框。设置"切割方法"为厚度，限制为"直至下一个"。

2）在"法向开孔"对话框中，单击图标，打开"创建草图"对话框。在绘图区选择

草图绘制面，如图 6-94 所示。

图 6-93 "法向开孔"对话框

3）在"创建草图"对话框中单击 确定 按钮，进入草图设计环境，绘制如图 6-95 所示的草图。单击"完成"图标 ✗，草图绘制完毕。

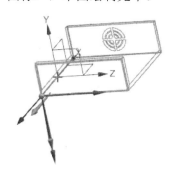

图 6-94 选择草图绘制面

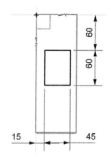

图 6-95 绘制草图

4）在绘图区预览所创建的法向开孔特征，如图 6-96 所示。

5）在"法向开孔"对话框中单击 < 确定 > 按钮，创建法向开孔特征 3，如图 6-97 所示。

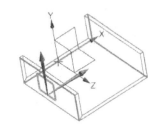

图 6-96 预览创建法向开孔特征

图 6-97 创建法向开孔特征 3

13. 创建弯边特征

1）选择"菜单(M)"→"插入(S)"→"折弯(N)"→"弯边(F)..."，或者单击"主页"选项卡"基本"面板中的"弯边"按钮 🪁，打开"弯边"对话框。

2）设置"宽度选项"为"完整"、"长度"为15，、角度"为90、"参考长度"为"外侧"、"内嵌"为"折弯外侧"，在"折弯止裂口"和"拐角止裂口"下拉列表中选择"无"。

3）选择弯边，同时在绘图区显示所创建的弯边预览，如图 6-98 所示。

4）在"弯边"对话框中单击 应用 按钮，创建弯边特征 6，如图 6-99 所示。

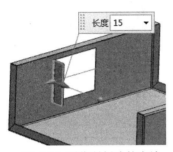

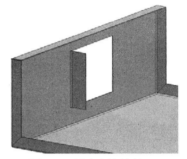

图 6-98 预览所创建的弯边 　　　　　　图 6-99 创建弯边特征 6

5）选择弯边，同时在绘图区显示所创建的弯边预览，如图 6-100 所示。

6）在"弯边"对话框中单击 <确定> 按钮，创建弯边特征 7，如图 6-101 所示。

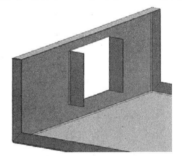

图 6-100 预览所创建的弯边 　　　　　　图 6-101 创建弯边特征 7

14．创建倒角特征

1）选择"菜单(M)"→"插入(S)"→"拐角(O)"→"倒角(B)..."命令，或者单击"主页"选项卡"拐角"面板上的"倒角"按钮 ◇，打开如图 6-102 所示的"倒角"对话框。设置"方法"为"倒斜角"，输入"距离"为5。

2）在视图中选择如图 6-103 所示的弯边棱边为要倒角的边。

3）在对话框中单击 <确定> 按钮，创建倒角特征，如图 6-104 所示。

15．创建折弯特征

1）选择"菜单(M)"→"插入(S)"→"折弯(N)"→"折弯(B)..."，或者单击"主页"选项卡"折弯"面板上的"折弯"按钮 ⬚，打开如图 6-105 所示的"折弯"对话框。

2）在"折弯"对话框中单击 ⬚ 图标，打开"创建草图"对话框。在绘图区选择草图绘制面，如图 6-106 所示。

3）进入草图设计环境，绘制如图 6-107 所示的折弯线。

4）单击"完成"图标 ⚑，草图绘制完毕，绘图区显示如图 6-108 所示的创建的折弯特征预览。

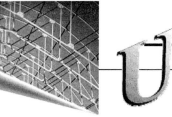

图 6-102 "倒角"对话框

图 6-103 选择要倒角的边

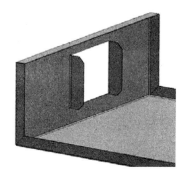

图 6-104 创建圆角特征

图 6-105 "折弯"对话框

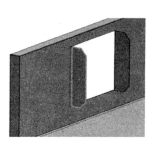

图 6-106 选择草图绘制面

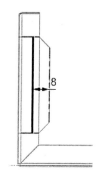

图 6-107 绘制折弯线

5）在"折弯"对话框中的"角度"文本框中输入 90，在"内嵌"下拉列表中选择"折弯中心线轮廓"，设置"折弯止裂口"为"无"，单击 确定 按钮，创建折弯特征 1，如图 6-109

所示。

6）采用相同的方法，在另一侧创建相同的折弯特征 2，如图 6-110 所示。

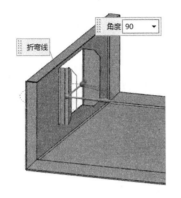

图 6-108　预览显示所创建的折弯特征

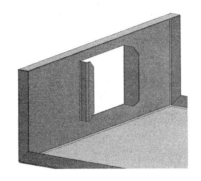

图 6-109　创建折弯特征 1

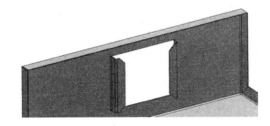

图 6-110　创建折弯特征 2

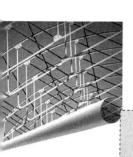

第7章

拐角

　　本章主要介绍拐角下拉菜单中的各种特征的创建方法和过程。通过对实例的操作可以使读者更快速地掌握创建钣金零件的方法和操作技巧。

重点与难点
- 封闭拐角
- 倒角
- 三折弯角

7.1 封闭拐角

使用封闭拐角命令可以在共享一个公共面的两个弯曲面的相邻处创建一定形状的拐角。在创建封闭拐角特征时，通过选项设置，可以使两个弯曲面在相邻处封闭、重叠或生成止裂口。

选择"菜单(M)"→"插入(S)"→"拐角(O)"→"封闭拐角(C)..."，或者单击"主页"选项卡"拐角"面板上的"封闭拐角"按钮⬡，打开如图 7-1 所示的"封闭拐角"对话框。

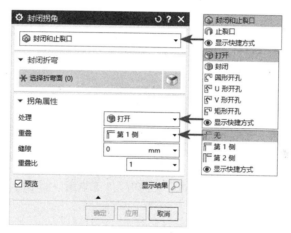

图 7-1 "封闭拐角"对话框

7.1.1 选项及参数

1．"类型"下拉列表

（1）封闭和止裂口：指在创建止裂口的同时对钣金壁进行延伸。

（2）止裂口：只能创建止裂口。

2．"封闭折弯"选项组

用于选择要创建封闭拐角的折弯区域。

3．"拐角属性"选项组

（1）处理

1）打开：保持可以两个弯边折弯区域的原有状态不变，将平面区域延伸至相交，示意图如图 7-2 所示。

2）封闭：可以将整个弯边特征的内壁封闭，使边线之间能够相互衔接，如图 7-3 所示。

3）圆形开孔：在弯边区域创建一个圆孔，通过输入的直径值来决定圆孔的大小，以输入

UG NX 2022

的偏置值决定孔向中心移动的距离，如图 7-4 所示。

图 7-2 "打开"示意图　　　　图 7-3 "封闭"示意图　　　　图 7-4 "圆形开孔"示意图

4）U 形开孔：在弯边区域创建一个 U 形孔，通过输入的直径值来决定 U 形孔的大小，输入的偏置值决定 U 形孔向中心移动的距离，如图 7-5 所示。

5）V 形开孔：在弯边区域创建一个 V 形孔，通过输入的直径值来决定 V 形孔的大小，输入的偏置值决定 V 形孔向中心移动的距离，输入角度 1 和角度 2 的值可以决定两侧 V 形边的角度，如图 7-6 所示。

6）矩形开孔：在弯边区域创建一个矩形孔，通过输入的宽度和长度值来决定矩形孔的大小，输入的偏置值决定孔向中心移动的距离，如图 7-7 所示。

图 7-5 "U 形开孔"示意图　　　图 7-6 "V 形开孔"示意图　　　图 7-7 "矩形开孔"示意图

（2）重叠

1）无：指对应弯边的内侧边重合，如图 7-8a 所示。

2）第 1 侧：指第一次选择的弯边叠加在第二次选择弯边的上面，如图 7-8b 所示。选择该选项后，可以通过"重叠比"来指定重叠的范围，"重叠比"值的范围在 0 和 1 之间。

3）第 2 侧：指第二次选择的弯边叠加在第一次选择弯边的上面，示意图如图 7-8c 所示。选择该选项后，可以通过"重叠比"值来指定重叠的范围。

4．缝隙

缝隙是指两弯边封闭或者重叠时铰链之间的最小距离，如图 7-9 所示。

a)无　　　　b）第 1 侧　　　　c）第 2 侧　　　　a)缝隙为 0.5　　　　b)缝隙为 1

图 7-8 "重叠"示意图　　　　　　　　图 7-9 "缝隙"示意图

7.1.2 实例——六边盒

1. 创建钣金文件

选择"菜单(M)"→"文件(F)"→"新建(N)...",或者单击"主页"选项卡"标准"面板中的"新建"按钮⤴,打开"新建"对话框。在"模型"选项卡中选择"NX 钣金"模板。在"名称"文本框中输入"六边盒",单击 确定 按钮,进入 UG NX 2011 钣金设计环境。

2. 预设置 NX 钣金参数

选择"菜单(M)"→"首选项(P)"→"钣金(H)...",打开如图 7-10 所示的"钣金首选项"对话框,设置"材料厚度"为 2、"折弯半径"为 5、"让位槽深度"和"让位槽宽度"均为 3、"中性因子值"为 0.33,其他参数采用默认设置。

3. 创建基本突出块特征

1)选择"菜单(M)"→"插入(S)"→"突出块(B)...",或者单击"主页"选项卡"基本"面板上的"突出块"按钮◇,打开如图 7-11 所示的"突出块"对话框。

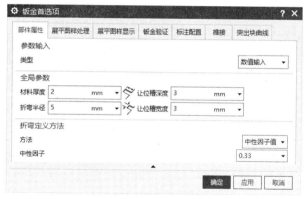

图 7-10 "钣金首选项"对话框

图 7-11 "突出块"对话框

2)单击 按钮,选取 XY 平面为草图绘制面,绘制轮廓草图,如图 7-12 所示。单击"完成"图标,草图绘制完毕。

3)在"突出块"对话框中单击< 确定 >按钮,创建基本突出块特征,如图 7-13 所示。

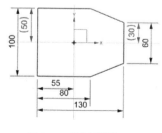

图 7-12 绘制草图

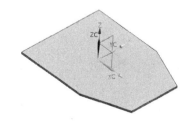

图 7-13 创建基本突出块特征

4. 创建弯边特征 1

1)选择"菜单(M)"→"插入(S)"→"折弯(N)"→"弯边(F)...",或者单击"主页"

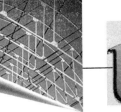

选项卡"基本"面板中的"弯边"按钮，打开如图 7-14 所示的"弯边"对话框。

2）设置"宽度选项"为"完整"、"长度"为50，"角度"为90、"参考长度"为"外侧"、"内嵌"为"材料外侧"、"折弯止裂口"和"拐角止裂口"下拉列表中选择"无"。

3）选择弯边 1，同时在绘图区显示所创建的弯边预览，如图 7-15 所示。

4）在"弯边"对话框中单击 <确定> 按钮，创建如图 7-16 所示的弯边特征 1。

图 7-14 "弯边"对话框

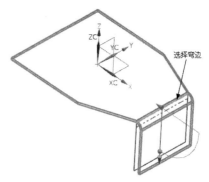

图 7-15 选择弯边 1

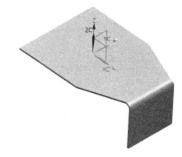

图 7-16 创建弯边特征 1

5. 创建弯边特征 2

1）选择"菜单(M)"→"插入(S)"→"折弯(N)"→"弯边(F)..."，或者单击"主页"选项卡"基本"面板中的"弯边"按钮，打开"弯边"对话框。在钣金零件上选择弯边 2，同时在绘图区显示所创建的弯边预览，如图 7-17 所示。

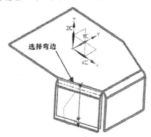

图 7-17 选择弯边 2

2）在"弯边"对话框中设置"宽度选项"为"完整"、"长度"为50、"角度"为90、"参考长度"为"外侧"、"内嵌"为"折弯外侧"，在"折弯止裂口"和"拐角止裂口"

下拉列表中选择"无"。单击 < 确定 > 按钮,创建如图 7-18 所示的弯边特征 2。

6. 创建弯边特征 3

1)选择"菜单(M)"→"插入(S)"→"折弯(N)"→"弯边(F)...",或者单击"主页"选项卡"基本"面板中的"弯边"按钮 🗇,打开"弯边"对话框。在钣金零件上选择弯边 3,同时在绘图区显示所创建的弯边预览,如图 7-19 所示。

图 7-18 创建弯边特征 2

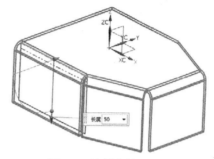

图 7-19 选择弯边 3

2)在"弯边"对话框中设置"宽度选项"为"完整"、"长度"为 50、"角度"为 90、"参考长度"为"外侧"、"内嵌"为"折弯外侧",在"折弯止裂口"和"拐角止裂口"下拉列表中选择"无"。单击 < 确定 > 按钮,创建如图 7-20 所示的弯边特征 3。

7. 创建弯边特征 4

1)选择"菜单(M)"→"插入(S)"→"折弯(N)"→"弯边(F)...",或者单击"主页"选项卡"基本"面板中的"弯边"按钮 🗇,打开"弯边"对话框。在钣金零件上选择弯边 4,同时在绘图区显示所创建的弯边预览,如图 7-21 所示。

图 7-20 创建弯边特征 3

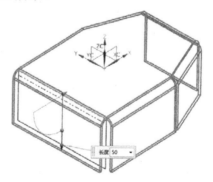

图 7-21 选择弯边 4

2)在"弯边"对话框中设置"宽度选项"为"完整"、"长度"为 50、"角度"为 90、"参考长度"为"外侧"、"内嵌"为"材料外侧",在"折弯止裂口"和"拐角止裂口"下拉列表中选择"无"。单击 < 确定 > 按钮,创建如图 7-22 所示的弯边特征 4。

8. 创建弯边 5

1)选择"菜单(M)"→"插入(S)"→"折弯(N)"→"弯边(F)...",或者单击"主页"选项卡"基本"面板中的"弯边"按钮 🗇,打开"弯边"对话框。在钣金零件上选择弯边 5,同时在绘图区显示所创建的弯边预览,如图 7-23 所示。

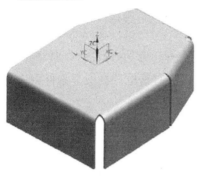

图 7-22 创建第 4 条弯边后的零件

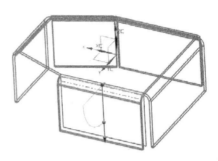

图 7-23 选择第 5 条弯曲边

2）在"弯边"对话框中设置"宽度选项"为"完整"、"长度"为 50、"角度"为 90、"参考长度"为"外侧"、"内嵌"为"材料外侧"，在"折弯止裂口"和"拐角止裂口"下拉列表中选择"无"。单击 <确定> 按钮，创建如图 7-24 所示的弯边特征 5。

9. 创建弯边特征 6

1）选择"菜单(M)"→"插入(S)"→"折弯(N)"→"弯边(F)..."，或者单击"主页"选项卡"基本"面板中的"弯边"按钮，打开"弯边"对话框。在钣金零件上选择弯边 6，同时在绘图区显示所创建的弯边预览，如图 7-25 所示。

图 7-24 创建弯边特征 5

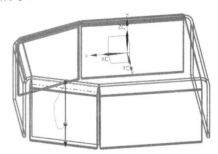

图 7-25 选择弯边 6

2）在"弯边"对话框中设置"宽度选项"为"完整"、"长度"为 50、"角度"为 90、"参考长度"为"外侧"、"内嵌"为"材料外侧"，在"折弯止裂口"和"拐角止裂口"下拉列表中选择"无"。单击 <确定> 按钮，创建如图 7-26 所示的弯边特征 6。

10. 创建封闭拐角特征 1

1）选择"菜单(M)"→"插入(S)"→"拐角(O)"→"封闭拐角(C)..."，或者单击"主页"选项卡"拐角"面板上的"封闭拐角"按钮，打开如图 7-27 所示的"封闭拐角"对话框，选择"封闭"处理方法。

2）在绘图区选择如图 7-28 所示的相邻弯边。

3）在"封闭拐角"对话框中单击 <确定> 按钮，创建如图 7-29 所示的封闭拐角特征 1。

11. 创建封闭拐角特征 2

1）选择"菜单(M)"→"插入(S)"→"拐角(O)"→"封闭拐角(C)..."，或者单击"主页"选项卡"拐角"面板上的"封闭拐角"按钮，打开如图 7-30 所示的"封闭拐角"对话框，选择"打开"处理方法。

图 7-26 创建弯边特征 6 　　　　图 7-27 "封闭拐角"对话框

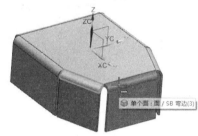

图 7-28 选择相邻弯边 　　　　图 7-29 创建封闭拐角特征 1

2）在绘图区选择如图 7-31 所示的相邻弯边。

3）在"封闭拐角"对话框中单击 < 确定 > 按钮，创建如图 7-32 所示的封闭拐角特征 2。

12．创建封闭拐角特征 3

1）选择"菜单(M)"→"插入(S)"→"拐角(O)"→"封闭拐角（C）…"，或者单击"主页"选项卡"拐角"面板上的"封闭拐角"按钮，打开如图 7-33 所示的"封闭拐角"对话框，选择"圆形开孔"处理方法，输入"直径"为 5。

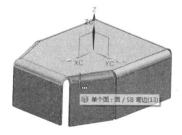

图 7-30 "封闭拐角"对话框 　　图 7-31 选择相邻弯边 　　图 7-32 创建封闭拐角特征 2

2）在绘图区选择如图 7-34 所示的相邻弯边。

3）在"封闭拐角"对话框中单击 <确定> 按钮，创建如图 7-35 所示的封闭拐角特征 3。

图 7-33 "封闭拐角"对话框

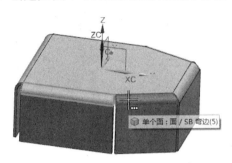

图 7-34 选择相邻弯边

图 7-35 创建封闭拐角特征 3

13. 创建封闭拐角特征 4

1）选择"菜单(M)"→"插入(S)"→"拐角(O)"→"封闭拐角(C)…"，或者单击"主页"选项卡"拐角"面板上的"封闭拐角"按钮，打开"封闭拐角"对话框，选择"U 形开孔"处理方法，输入"直径"为 5。在绘图区选择如图 7-36 所示的相邻弯边。

2）在"封闭拐角"对话框中单击 <确定> 按钮，创建如图 7-37 所示的封闭拐角特征 4。

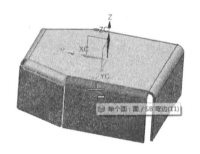

图 7-36 选择相邻弯边

图 7-37 创建封闭拐角特征 4

14. 创建封闭拐角特征 5

1）选择"菜单(M)"→"插入(S)"→"拐角(O)"→"封闭拐角(C)…"，或者单击"主页"选项卡"拐角"面板上的"封闭拐角"按钮，打开如图 7-38 所示的"封闭拐角"对话框，选择"V 形开孔"处理方法，输入"直径"为 5，"角度 1"和"角度 2"为 5。

2）在绘图区选择如图 7-39 所示的相邻弯边。

3）在"封闭拐角"对话框中单击 <确定> 按钮，创建如图 7-40 所示的封闭拐角特征 5。

图 7-38 "封闭拐角"对话框

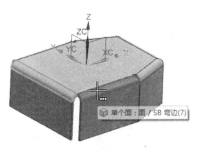

图 7-39 选择相邻弯边

图 7-40 创建封闭拐角特征 5

15. 创建封闭拐角特征 6

1）选择"菜单(M)"→"插入(S)"→"拐角(O)"→"封闭拐角(C)..."，或者单击"主页"选项卡"拐角"面板上的"封闭拐角"按钮，打开如图 7-41 所示的"封闭拐角"对话框，选择"矩形开孔"处理方法，输入长度和宽度为 3。

2）在绘图区选择如图 7-42 所示的相邻弯边。

图 7-41 "封闭拐角"对话框

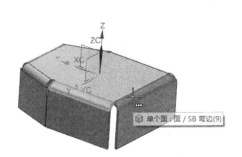

图 7-42 选择相邻弯边

3）在"封闭拐角"对话框中单击 <确定> 按钮，创建如图7-43所示的封闭拐角特征6。

4）创建完成的六边盒如图7-44所示。

图7-43 创建封闭拐角特征6

图7-44 创建完成的六边盒

7.2 倒角

利用倒角命令可以对钣金件尖锐的棱角创建圆角或者倒角特征。

选择"菜单(M)"→"插入(S)"→"拐角(O)"→"倒角(B)..."，或者单击"主页"选项卡"拐角"面板上的"倒角"按钮 ◇，打开如图7-45所示的"倒角"对话框。

图7-45 "倒角"对话框

7.2.1 选项及参数

1．"要倒角的边"选项组

用于选取要倒角的边。

2．"倒角属性"选项组

（1）方法：

1）圆角：在选取的边缘上进行倒圆角处理，如图7-46所示。

2）倒斜角：在选取的边缘上创建45°的斜角，如图7-47所示。

（2）半径/距离：指边倒圆的外半径或者边倒角的偏置尺寸。

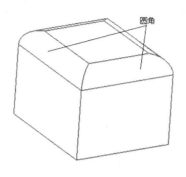

图 7-46 "圆角"示意图

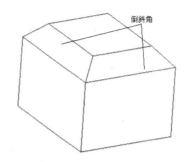

图 7-47 "倒斜角"示意图

7.2.2 实例——端头

1. 创建钣金文件

选择"菜单(M)"→"文件(F)"→"新建(N)…",或者单击"主页"选项卡"标准"面板中的"新建"按钮，打开"新建"对话框。在"模型"选项卡中选择"NX 钣金"模板，在"名称"文本框中输入"端头"，单击 确定 按钮，进入 UG NX 2011 钣金设计环境。

2. 创建基本突出块特征

1) 选择"菜单(M)"→"插入(S)"→"突出块(B)…",或者单击"主页"选项卡"基本"面板上的"突出块"按钮，打开如图 7-48 所示的"突出块"对话框。

2) 单击 按钮，选取 XY 平面为草图绘制面，绘制轮廓草图，如图 7-49 所示。单击"完成"图标，草图绘制完毕。

图 7-48 "突出块"对话框

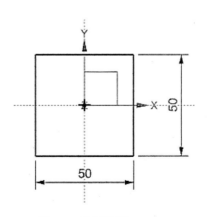

图 7-49 绘制草图

3) 单击"厚度"文本框后面的 按钮，打开如图 7-50 所示的下拉菜单，选择"使用局部值"命令，然后在文本框中输入厚度为 50。

4) 在"突出块"对话框中单击 确定 按钮，创建基本突出块特征，如图 7-51 所示。

3. 创建倒角特征1

1）选择"菜单(<u>M</u>)"→"插入(<u>S</u>)"→"拐角(<u>O</u>)"→"倒角(<u>B</u>)…"，或者单击"主页"选项卡"拐角"面板上的"倒角"按钮◯，打开如图7-52所示的"倒角"对话框。设置"方法"为"圆角"、"半径"为5。

图7-50 下拉菜单　　　图7-51 创建基本突出块特征　　　图7-52 "倒角"对话框

2）选择刚创建的突出块的右侧两条棱边作为要倒角的边，如图7-53所示。

3）在"倒角"对话框中单击 <u>确定</u> 按钮，完成倒角特征1的创建，结果如图7-54所示。

4. 创建倒角特征2

1）选择"菜单(<u>M</u>)"→"插入(<u>S</u>)"→"拐角(<u>O</u>)"→"倒角(<u>B</u>)…"，或者单击"主页"选项卡"拐角"面板上的"倒角"按钮◯，打开 "倒角"对话框。设置"方法"为"倒斜角"、"距离"为5。选择如图7-55所示的两边，作为要倒角的边。

2）在"倒角"对话框中单击 <u>确定</u> 按钮，结果如图7-56所示。

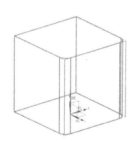

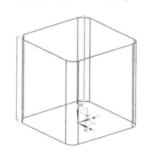

图7-53 选择要倒角的边　　图7-54 创建倒角特征　　图7-55 选择要倒角的边　　图7-56 创建倒角特征

7.3 三折弯角

利用三折弯角命令将相邻两个折弯的平面区域延伸至相交，形成拐角。

选择"菜单(<u>M</u>)"→"插入(<u>S</u>)"→"拐角(<u>O</u>)"→"三折弯角(<u>T</u>)…"，或者单击"主页"选项卡"拐角"面板上"更多"库中的"三折弯角"按钮◼，打开如图7-57所示的"三折弯角"对话框。

图 7-57 "三折弯角"对话框

7.3.1 选项及参数

1. "封闭折弯"选项组

用于选择要创建三折弯角的相邻折弯区域。

2. "拐角属性"选项组

（1）打开：用于保持将两个弯边折弯区域其原有状态不变，将平面区域延伸至相交，如图 7-58 所示。

（2）封闭：用于在拐角处生成一个连接折弯区域的斜接，将整个弯边特征的内壁封闭，如图 7-59 所示。

（3）圆形开孔：用于在弯边区域创建一个圆孔（通过输入的直径值来决定圆孔的大小），如图 7-60 所示。

图 7-58 "打开"示意图　　图 7-59 "封闭"示意图　　图 7-60 "圆形开孔"示意图

（4）U 形开孔：用于在弯边区域创建一个 U 形孔（通过输入的直径值来决定孔的大小），如图 7-61 所示。

（5）V 形开孔：用于在弯边区域创建一个 V 形孔（通过输入的直径值来决定孔的大小），如图 7-62 所示。

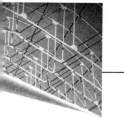

图 7-61 "U 形开孔"示意图

图 7-62 "V 形开孔"示意图

7.3.2 实例——盒子

1. 创建钣金文件

选择"菜单(M)"→"文件(F)"→"新建(N)…",打开"新建"对话框。在"模型"选项卡中选择"NX 钣金"模板,在"名称"文本框中输入"盒子",单击 确定 按钮,进入 UG NX 钣金设计环境。

2. 创建轮廓弯边特征

1)选择"菜单(M)"→"插入(S)"→"折弯(N)"→"轮廓弯边(C)…",或者单击"主页"选项卡"基本"面板上"弯边"下拉菜单中的"轮廓弯边"按钮 ,打开如图 7-63 所示的"轮廓弯边"对话框。

2)单击 按钮,选取 XY 平面为草图绘制面,绘制轮廓草图,如图 7-64 所示。单击"完成"图标 ,草图绘制完毕。

图 7-63 "轮廓弯边"对话框

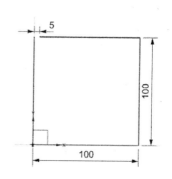

图 7-64 绘制草图

3）在"宽度"文本框中输入 50，如图 7-65 所示。

4）在"轮廓弯边"对话框中设置"折弯止裂口"和"拐角止裂口"为"无"。单击 <确定> 按钮，创建轮廓弯边特征，如图 7-66 所示。

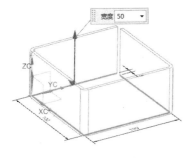

图 7-65 输入宽度

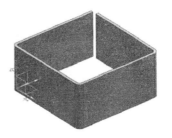

图 7-66 创建轮廓弯边特征

3．创建弯边特征

1）选择"菜单(M)"→"插入(S)"→"折弯(N)"→"弯边(F)..."，或者单击"主页"选项卡"基本"面板中的"弯边"按钮 ，打开如图 7-67 所示的"弯边"对话框，设置"宽度选项"为"完整"、"长度"为 30、"角度"为 90、"参考长度"为"内侧"、"内嵌"为"折弯外侧"、"折弯半径"设置为 3、"折弯止裂口"和"拐角止裂口"为"无"。

2）在绘图区选择如图 7-68 所示的折弯边。在"弯边"对话框中单击 <确定> 按钮，创建如图 7-69 所示的弯边特征。

图 7-67 "弯边"对话框

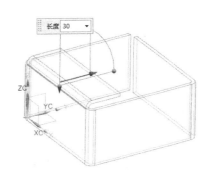

图 7-68 选择折弯边

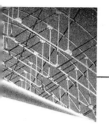

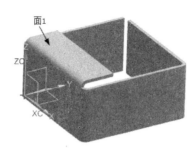

图 7-69 创建弯边特征

4. 创建法向开孔

1）选择"菜单(M)"→"插入(S)"→"切割(T)"→"法向开孔(N)..."，或者单击"主页"选项卡"基本"面板上的"法向开孔"按钮 ，打开如图 7-70 所示的"法向开孔"对话框。

2）单击"绘制截面"按钮 ，打开"创建草图"对话框，选择图 7-69 中的面 1 为草图绘制面，单击 确定 按钮，进入到草图绘制环境，绘制如图 7-71 所示的草图。单击"完成"图标 ，返回到"法向开孔"对话框，在"切割方法"下拉列表中选择"厚度"，在"限制"下拉列表中选择"直至下一个"，单击 <确定> 按钮，创建如图 7-72 所示的法向开孔特征。

图 7-70 "法向开孔"对话框

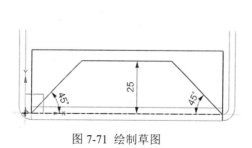

图 7-71 绘制草图

图 7-72 创建法向开孔特征

5. 创建伸直特征

1）选择"菜单(M)"→"插入(S)"→"成形(R)"→"伸直（U）…"，或者单击"主页"选项卡"折弯"面板上的"伸直"按钮 ，打开如图 7-73 所示的"伸直"对话框。

2）在绘图区中选择如图 7-74 所示的固定面。

图 7-73 "伸直"对话框

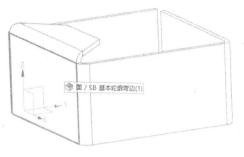

图 7-74 选择固定面

3）选择如图 7-75 所示的折弯面，创建伸直特征，结果如图 7-76 所示。

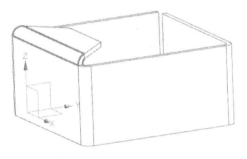

图 7-75 选择折弯面

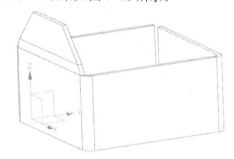

图 7-76 伸直后的结果

6. 创建重新折弯特征

1）重复步骤 2 和步骤 3，在其他三个边上创建截面相同的弯边，并在前两个边上创建伸直特征，结果如图 7-77 所示。

2）选择"菜单(M)"→"插入(S)"→"成形(R)"→"重新折弯(R)…"，或者单击"主页"选项卡"折弯"面板上的"重新折弯"按钮 ，打开如图 7-78 所示的"重新折弯"对话框。

图 7-77 创建弯边和伸直特征

图 7-78 "重新折弯"对话框

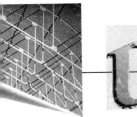

3）在绘图区中选择如图 7-79 所示的重新折弯面。

4）在"重新折弯"对话框中单击 <确定> 按钮，创建重新折弯特征，如图 7-80 所示。

图 7-79 选择重新折弯面

7．创建三折弯角特征 1

1）选择"菜单(M)"→"插入(S)"→"拐角(O)"→"三折弯角(T)..."，或者单击"主页"选项卡"拐角"面板上的"更多"库中的"三折弯角"按钮，打开如图 7-81 所示的"三折弯角"对话框。

图 7-80 创建重新折弯特征

图 7-81 "三折弯角"对话框

2）选取如图 7-82 所示的两个相邻折弯区域。

3）在对话框中设置"U 形开孔"的处理方式，勾选"斜接角"复选框，输入"直径"为 8，单击 <确定> 按钮，结果如图 7-83 所示。

8．创建三折弯角特征 2

1）选择"菜单(M)"→"插入(S)"→"拐角(O)"→"三折弯角(T)..."，或者单击"主页"选项卡"拐角"面板上"更多"库中的"三折弯角"按钮，打开如图 7-84 所示的"三折弯角"对话框。

图 7-82 选择两个相邻折弯区域

图 7-83 创建三折弯角特征 1

2）选取如图 7-85 所示的两个相邻折弯区域。

图 7-84 "三折弯角"对话框

图 7-85 选择两个相邻折弯区域

3）在对话框中设置"封闭"的处理方式，取消勾选"斜接角"复选框，单击<按钮，结果如图 7-86 所示。

9. 创建三折弯角特征 3

1）选择"菜单(M)"→"插入(S)"→"拐角(O)"→"三折弯角(T)…"，或者单击"主页"选项卡"拐角"面板上"更多"库中的"三折弯角"按钮，打开如图 7-87 所示的"三折弯角"对话框。

图 7-86 创建三折弯角特征 2

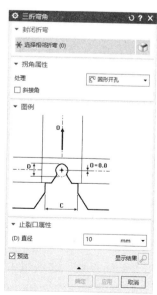

图 7-87 "三折弯角"对话框

2）选取如图 7-88 所示的两个相邻折弯区域。

3）在对话框中设置"圆形开孔"的处理方式，取消勾选"斜接角"复选框，输入"直径"为 10，单击 <确定> 按钮，结果如图 7-89 所示。

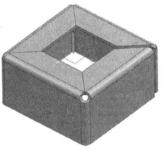

图 7-88 选择两个相邻折弯区域　　　　　　　　图 7-89 创建三折弯角特征 3

7.4 综合实例——硬盘支架

首先利用轮廓弯边命令创建基本钣金件，然后利用折边弯边和弯边命令创建四周的附加壁，利用凹坑和法向开孔命令添加凹坑及修剪钣金件。创建的硬盘支架如图 7-90 所示。

图 7-90 硬盘支架

1. 创建 NX 钣金文件

选择"菜单(M)"→"文件(F)"→"新建(N)..."，或者单击"主页"选项卡"标准"面板中的"新建"按钮，打开"新建"对话框。在模板中选择"NX 钣金"，在"名称"文本框中输入"硬盘支架"，在"文件夹"文本框中输入保存路径，单击 <确定> 按钮，进入 UG NX 2011 钣金设计环境。

2. 钣金参数预设置

1）选择"菜单(M)"→"首选项(P)"→"钣金(H)..."，打开如图 7-91 所示的"钣金首选项"对话框。

2）在"全局参数"选项组中设置"材料厚度"为 0.5、"折弯半径"为 1、"让位槽深度"和"让位槽宽度"均为 0，在"方法"下拉列表中选择"公式"，在"公式"下拉列表中选择"折弯许用半径"。

3）单击 确定 按钮，完成 NX 钣金参数预设置。

3. 创建轮廓弯边特征

1）选择"菜单(M)"→"插入(S)"→"折弯(N)"→"轮廓弯边(C)..."，或者单击"主页"选项卡"基本"面板上"弯边"下拉菜单中的"轮廓弯边"按钮 📕 ，打开如图 7-92 所示的"轮廓弯边"对话框。设置"宽度选项"为"对称"，输入"宽度"为 110，设置"折弯止裂口"和"拐角止裂口"为"无"。

图 7-91 "钣金首选项"对话框   图 7-92 "轮廓弯边"对话框

2）在"轮廓弯边"对话框上单击 🖊 图标，选择 XY 平面为草图绘制面，绘制轮廓弯边特征轮廓草图，如图 7-93 所示。单击"完成"图标 🏁，草图绘制完毕。

3）在"轮廓弯边"对话框中单击 < 确定 > 按钮，创建轮廓弯边特征，如图 7-94 所示。

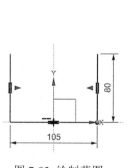

图 7-93 绘制草图

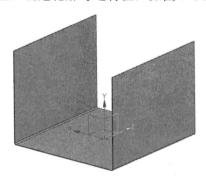

图 7-94 创建轮廓弯边特征

4. 创建折边特征

1）选择"菜单(M)"→"插入(S)"→"折弯(N)"→"折边(H)..."，或者单击"主页"

选项卡"折弯"面板上"更多"库中的"折边"按钮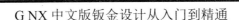，打开如图 7-95 所示的"折边"对话框。

2）选择"封闭"类型，设置"内嵌"为"材料内侧"、"2.弯边长度"为 10、"折弯止裂口"为"无"。

3）在绘图区选择弯边，如图 7-96 所示。单击 应用 按钮，创建折边特征 1。

图 7-95 "折边"对话框

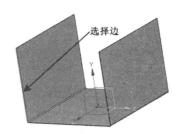

图 7-96 选择弯边

4）在绘图区选择弯边，如图 7-97 所示。单击 应用 按钮，创建折边特征 2，如图 7-98 所示。

图 7-97 选择弯边

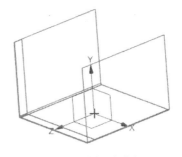

图 7-98 创建折边特征 2

5）在绘图区选择弯边，如图 7-99 所示。单击 <确定> 按钮，创建折边特征 3，如图 7-100 所示。

5．创建弯边特征

1）选择"菜单(M)"→"插入(S)"→"折弯(N)"→"弯边(F)..."，或者单击"主页"选项卡"基本"面板中的"弯边"按钮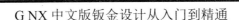，打开如图 7-101 所示的"弯边"对话框。设置"宽度选项"为"在端点"、"参考长度"选项为"外侧"、"内嵌"类型为"材料外侧"、"长

度"为10、"折弯止裂口"和"拐角止裂口"为"无"。

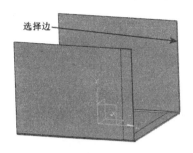

图 7-99　选择弯边

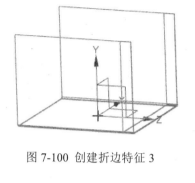

图 7-100　创建折边特征 3

图 7-101　"弯边"对话框

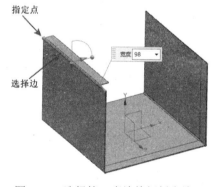

图 7-102　选择第 1 弯边特征折弯边

2）在绘图区选择折弯边并指定终点，输入"宽度"为98，如图 7-102 所示。

3）在"弯边"对话框中单击 <u>应用</u> 按钮，创建弯边特征 1，如图 7-103 所示。

4）在绘图区中选择折弯边并选择指定终点，输入"宽度"为98，如图 7-104 所示。

5）在"弯边"对话框中单击< 确定 >按钮创建弯边特征，如图 7-105 所示。

6. 创建法向开孔特征 1

1）选择"菜单(M)"→"插入(S)"→"切割(T)"→"法向开孔(N)…"，或者单击"主页"选项卡"基本"面板上的"法向开孔"按钮 ，打开如图 7-106 所示的"法向开孔"对话框。设置"切割方法"为"厚度"、"限制"为"值"，输入"深度"为1.5。

2）单击"绘制截面"按钮 ，打开"创建草图"对话框。在绘图区选择草图绘制面，

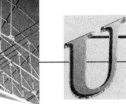

如图 7-107 所示。

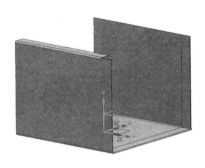

图 7-103 创建弯边特征 1

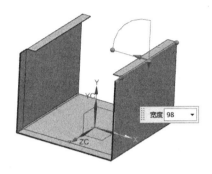

图 7-104 选择弯边特征折 2 弯边

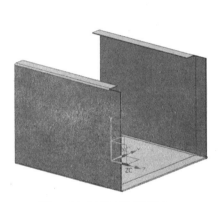

图 7-105 创建弯边特征 2

图 7-106 "法向开孔"对话框

3）绘制如图 7-108 所示的草图。单击"完成"图标，草图绘制完毕。

4）返回到"法向开孔"对话框，单击 <确定> 按钮，创建法向开孔特征 1，如图 7-109 所示。

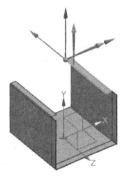

图 7-107 选择草图绘制面

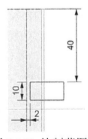

图 7-108 绘制草图

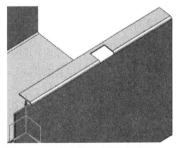

图 7-109 创建法向开孔特征 1

7．创建弯边特征

1）选择"菜单(M)"→"插入(S)"→"折弯(N)"→"弯边(F)..."，或者单击"主页"选项卡"基本"面板中的"弯边"按钮，打开如图 7-110 所示的"弯边"对话框。设置"宽度选项"为"从两端"、"距离 1"和"距离 2"为 1、"长度"为 6、"角度"为 90、"参考长度"为"外侧"、"内嵌"为"折弯外侧"，在"折弯止裂口"和"拐角止裂口"下拉列表中选择"无"。

图 7-110 "弯边"对话框

2）选择弯边，同时在绘图区预览显示所创建的弯边，如图 7-111 所示。

3）在"弯边"对话框中，单击 确定 按钮，创建弯边特征 5，如图 7-112 所示。

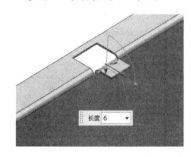

图 7-111 选择弯边

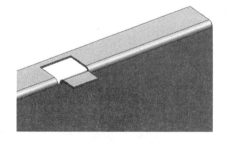

图 7-112 创建弯边特征

8．创建法向开孔特征

1）选择"菜单(M)"→"插入(S)"→"切割(T)"→"法向开孔(N)..."，或者单击"主页"选项卡"基本"面板上的"法向开孔"按钮，打开如图 7-113 所示的"法向开孔"对

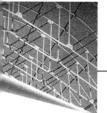

话框。设置"切割方法"为"厚度"，"限制"为"直至下一个"。

2）单击"绘制截面"按钮，打开"创建草图"对话框。在绘图区选择草图绘制面，如图7-114所示。

3）绘制如图7-115所示的草图。单击"完成"图标，草图绘制完毕。

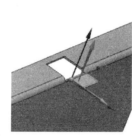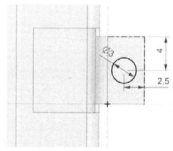

图7-113 "法向开孔"对话框　　图7-114 选择草图绘制面　　图7-115 绘制草图

4）返回到"法向开孔"对话框，单击 < 确定 > 按钮，创建法向开孔特征2，如图7-116所示。

9．创建法向开孔特征

1）选择"菜单(M)"→"插入(S)"→"切割(T)"→"法向开孔(N)..."，或者单击"主页"选项卡"基本"面板上的"法向开孔"按钮，打开如图7-117所示的"法向开孔"对话框。设置"切割方法"为"厚度"、"限制"为"直至下一个"。

图7-116 创建法向开孔特征2　　图7-117 "法向开孔"对话框

2）单击"绘制截面"按钮，打开"创建草图"对话框。在绘图区选择草图绘制面，如图 7-118 所示。

3）绘制如图 7-119 所示的草图。单击"完成"图标，草图绘制完毕。

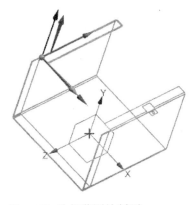

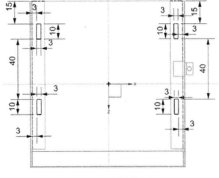

图 7-118 选择草图绘制面　　　　　　　　图 7-119 绘制草图

4）返回到"法向开孔"对话框，单击 确定 按钮，创建法向开孔特征 3，如图 7-120 所示。

10．创建凹坑特征 1

1）选择"菜单(M)"→"插入(S)"→"冲孔(H)"→"凹坑(D)..."，或者单击"主页"选项卡"凸模"面板上的"凹坑"按钮，打开如图 7-121 所示的"凹坑"对话框。

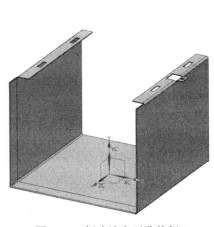

图 7-120 创建法向开孔特征 3　　　　　　图 7-121 "凹坑"对话框

2）单击"绘制截面"按钮，打开"创建草图"对话框。

3）在绘图区选择如图 7-122 所示的平面为草图绘制面，单击 确定 按钮，进入草图绘制环境，绘制如图 7-123 所示的草图。

4）单击"完成"图标 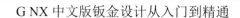，草图绘制完毕，绘图区显示如图 7-124 所示的创建的凹坑特征预览。

5）在"凹坑"对话框中设置"深度"为 2、"侧角"为 0、"侧壁"为"材料外侧"，勾选"倒圆凹坑边"复选框，设置"冲压半径"和"冲模半径"分别为 0.5 和 1.5。单击 <确定> 按钮，创建凹坑特征 1，如图 7-125 所示。

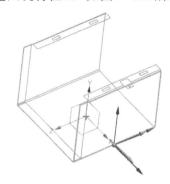

图 7-122 选择草图工作平面

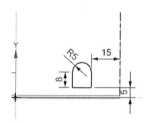

图 7-123 绘制草图

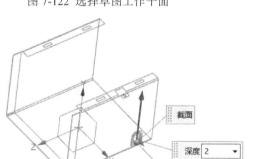

图 7-124 预览所创建的凹坑特征

图 7-125 创建凹坑特征 1

11. 创建法向开孔特征 4

1）选择"菜单(M)"→"插入(S)"→"切割(T)"→"法向开孔(N)..."，或者单击"主页"选项卡"基本"面板上的"法向开孔"按钮，打开"法向开孔"对话框。设置"切割方法"为"厚度"、"限制"为"直至下一个"。

2）单击"绘制截面"按钮，打开"创建草图"对话框。在绘图区选择草图绘制面，如图 7-126 所示。

3）绘制如图 7-127 所示的草图。单击"完成"图标，草图绘制完毕。

4）返回到"法向开孔"对话框，单击 确定 按钮，创建法向开孔特征 4，如图 7-128 所示。

12. 阵列特征

1）选择"菜单(M)"→"插入(S)"→"关联复制(A)"→"阵列特征(A)..."，或者单击"主页"选项卡"建模"面板上的"阵列特征"按钮，打开如图 7-129 所示的"阵列特征"对话框。

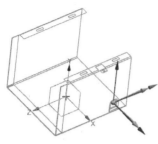

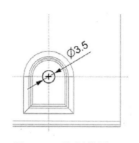

图 7-126 选择草图工作平面   图 7-127 绘制草图   图 7-128 创建法向开孔特征

2）设置"布局"为"线性"、"指定矢量"为 ZC 轴，输入"数量"为 2、"间隔"为 70，选择"凹坑"和"法向开孔"为"要形成阵列的特征"。

3）在对话框中单击 **确定** 按钮，完成阵列特征，结果如图 7-130 所示。

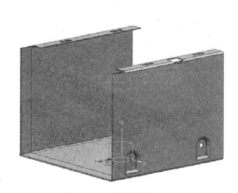

图 7-129 "阵列特征"对话框   图 7-130 阵列特征

13．镜像特征

1）选择"菜单(<u>M</u>)"→"插入(<u>S</u>)"→"关联复制(<u>A</u>)"→"镜像特征(<u>R</u>)..."命令，或者单击"主页"选项卡"建模"面板上的"镜像特征"按钮，打开如图 7-131 所示的"镜像特征"对话框。

2）选择阵列前的凹坑特征和法向开孔特征，再选择阵列后的特征。

3）在"平面"下拉列表中选择"新平面"选项，选择 YC-ZC 平面为镜像平面。

4）单击 **确定** 按钮，完成镜像特征，结果如图 7-132 所示。

图 7-131 "镜像特征"对话框

图 7-132 镜像特征

14．创建凹坑特征

1）选择"菜单(M)"→"插入(S)"→"冲孔(H)"→"凹坑(D)..."，或者单击"主页"选项卡"凸模"面板上的"凹坑"按钮 ◆，打开如图 7-133 所示的"凹坑"对话框。

图 7-133 "凹坑"对话框

2）单击"绘制截面"按钮 ，打开"创建草图"对话框。

3）在绘图区选择如图 7-134 所示的平面为草图绘制面，单击 确定 按钮，进入草图绘制环境，绘制如图 7-135 所示的草图。

4）单击"完成"图标 ，草图绘制完毕，绘图区显示如图 7-136 所示创建的凹坑特征预览。

5）在"凹坑"对话框中设置"深度"为 3、"侧角"为 0、"侧壁"为"材料内侧"。勾选"倒圆凹坑边"复选框，设置"冲压半径"和"冲模半径"分别为 0.5 和 1.5。单击 确定 按钮，创建凹坑特征 2，如图 7-137 所示。

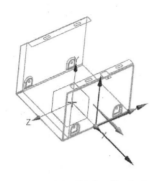

图 7-134 选择草图工作平面

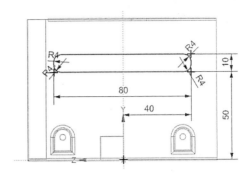

图 7-135 绘制草图

图 7-136 预览所创建的凹坑特征

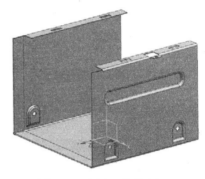

图 7-137 创建凹坑特征 2

15. 创建法向开孔特征

1）选择"菜单（M）"→"插入（S）"→"切割（T）"→"法向开孔（N）..."，或者单击"主页"选项卡"基本"面板上的"法向开孔"按钮 ，打开"法向开孔"对话框。设置"切割方法"为"厚度"、"限制"为"直至下一个"。

2）单击"绘制截面"按钮 ，打开"创建草图"对话框。在绘图区选择草图绘制面，如图 7-138 所示。

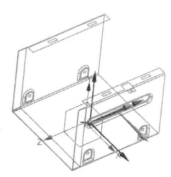

图 7-138 选择草图工作平面

3）绘制如图 7-139 所示的草图。单击"完成"图标 ，草图绘制完毕。

4）返回到"法向开孔"对话框，单击 按钮，创建法向开孔特征 5，如图 7-140 所示。

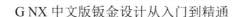

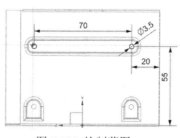

图 7-139 绘制草图

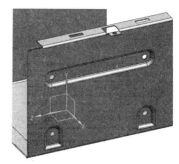

图 7-140 创建法向开孔特征 5

16．阵列特征

1）选择"菜单(M)"→"插入(S)"→"关联复制(A)"→"阵列特征(A)..."，或者单击"主页"选项卡"建模"面板上的"阵列特征"按钮，打开如图 7-141 所示的"阵列特征"对话框。

2）设置"布局"为"线性"、"指定矢量"为"-YC 轴"，输入数量为 2、间隔为 20，选择"凹坑"和"法向开孔"为要形成阵列的特征。

3）单击 确定 按钮，完成阵列特征，结果如图 7-142 所示。

图 7-141 "阵列特征"对话框

图 7-142 阵列特征

17．镜像特征

1）选择"菜单(M)"→"插入(S)"→"关联复制(A)"→"镜像特征(R)..."命令，打开如图 7-143 所示的"镜像特征"对话框。

2）选择阵列前的凹坑特征和法向开孔特征，再选择阵列后的特征。

3）在"平面"下拉列表中选择"新平面"选项，选择 YC-ZC 平面为镜像平面。

4）单击 确定 按钮，完成镜像特征，结果如图 7-144 所示。

图 7-143 "镜像特征"对话框

图 7-144 镜像特征

18. 绘制草图

1）选择"菜单(M)"→"插入(S)"→"草图(S)..."，或单击"主页"选项卡"构造"面板上的"草图"按钮 ，打开"创建草图"对话框。

2）在绘图区选择草图绘制面，如图 7-145 所示。

3）绘制如图 7-146 所示的草图。单击"完成"图标 ，草图绘制完毕。

图 7-145 选择草图工作平面

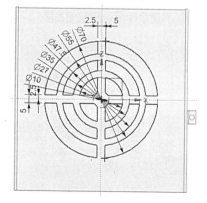

图 7-146 绘制草图

19. 创建法向开孔特征 6

1）选择"菜单(M)"→"插入(S)"→"切割(T)"→"法向开孔(N)..."，或者单击"主页"选项卡"基本"面板上的"法向开孔"按钮 ，打开"法向开孔"对话框。设置"切割方法"为"厚度"、"限制"为"直至下一个"。

2）选择如图 7-147 所示的轮廓草图为法向开孔截面。

3）在"法向开孔"对话框中单击 确定 按钮，创建法向开孔特征 6，如图 7-148 所示。

20. 创建弯边特征 4

1）选择"菜单(M)"→"插入(S)"→"折弯(N)"→"弯边(F)..."，或者单击"主页"

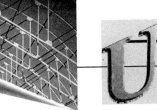

选项卡"基本"面板中的"弯边"按钮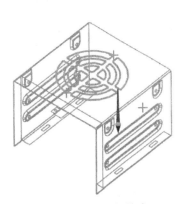，打开如图 7-149 所示"弯边"对话框。

图 7-147 选择轮廓

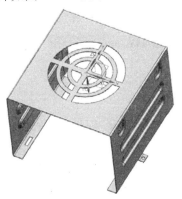

图 7-148 创建法向开孔特征 6

2）设置"宽度选项"为"完整"，"长度"为 10，"角度"为 90，"参考长度"为"外侧"，"内嵌"为"折弯外侧"，在"止裂口"列表框中的"折弯止裂口"和"拐角止裂口"下拉列表框中选择"无"。

3）选择弯边，同时在绘图区预览显示所创建的弯边，如图 7-150 所示。

4）在"弯边"对话框中，单击 确定 按钮，创建弯边特征 1，如图 7-151 所示。

图 7-149 "弯边"对话框

图 7-150 选择弯边

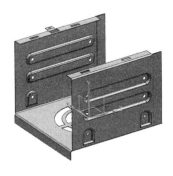

图 7-151 创建弯边特征 1

21. 创建法向开孔特征

1）选择"菜单(M)"→"插入(S)"→"切割(T)"→"法向开孔(N)…"，或者单击"主

页"选项卡"基本"面板上的"法向开孔"按钮，打开"法向开孔"对话框。设置"切割方法"为"厚度"、"限制"为"直至下一个"。

2）单击"绘制截面"按钮，打开"创建草图"对话框。在绘图区选择草图绘制面，如图 7-152 所示。

3）绘制如图 7-153 所示的草图。单击"完成"图标，草图绘制完毕。

4）返回到"法向开孔"对话框，单击 <确定> 按钮，创建法向开孔特征 7，如图 7-154 所示。

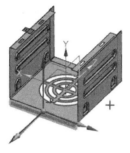

图 7-152 选择草图工作平面

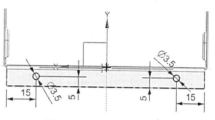

图 7-153 绘制草图

22. 创建圆角特征

1）选择"菜单(M)"→"插入(S)"→"拐角(O)"→"倒角(B)..."命令，或者单击"主页"选项卡"拐角"面板上的"倒角"按钮，打开如图 7-155 所示的"倒角"对话框，设置"方法"为"圆角"，输入"半径"为 5。

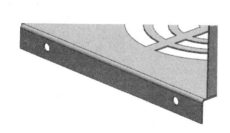

图 7-154 创建法向开孔特征 7

图 7-155 "倒角"对话框

2）在视图中选择如图 7-156 所示的弯边棱边为要倒角的边。

3）在对话框中单击 <确定> 按钮，创建圆角特征，如图 7-157 所示。

图 7-156 选择要倒角的边

图 7-157 创建圆角特征

第8章

转换

本章主要介绍了转换特征的创建方法和过程。

重点与难点
- 裂口
- 转换为钣金向导

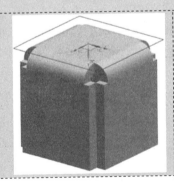

8.1 裂口

利用裂口命令可将钣金件沿拐角边撕开或沿曲线撕开,以分隔突出块或弯边的两个部分。

选择"菜单(<u>M</u>)"→"插入(<u>S</u>)"→"转换(<u>V</u>)"→"裂口(<u>R</u>)...",或者单击"主页"选项卡"转换"面板上"更多"库中的"裂口"按钮 ,打开如图 8-1 所示的"裂口"对话框。

图 8-1　"裂口"对话框

8.1.1 选项及参数

1. "选择边"图标

可使用已有的边来创建边缘裂口特征该选项为默认选项。

2. "曲线"图标

可使用已有的边来创建裂口特征。

3. "绘制截面"图标

单击该图标,可以在钣金零件放置面上绘制边缘草图来创建裂口特征。

8.1.2 实例——连接片

1. 创建钣金文件

选择"菜单(<u>M</u>)"→"文件(<u>F</u>)"→"新建(<u>N</u>)...",或者单击"主页"选项卡"标准"面板中的"新建"按钮 ,打开"新建"对话框。在"模型"选项卡中选择"NX 钣金"模板,在"名称"文本框中输入"连接片",单击 确定 按钮,进入 UG NX 钣金设计环境。

2. 预设置 NX 钣金参数

选择"菜单(<u>M</u>)"→"首选项(<u>P</u>)"→"钣金(<u>H</u>)...",打开如图 8-2 所示的"钣金首选项"

UG NX
2022

对话框，设置"材料厚度"、"折弯半径"、"让位槽深度"和"让位槽宽度"均为3，"中性因子"为0.33，其他参数采用默认设置。

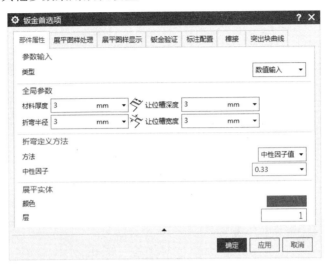

图 8-2 "钣金首选项"对话框

3．创建突出块特征

1）选择"菜单(M)"→"插入(S)"→"突出块(B)..."，或者单击"主页"选项卡"基本"面板上的"突出块"按钮，打开如图 8-3 所示的"突出块"对话框。

2）单击图标，选择 XY 平面为草图绘制面，绘制基本突出块特征轮廓草图，如图 8-4 所示。单击"完成"图标，草图绘制完毕。

3）在"突出块"对话框中单击 ＜确定＞ 按钮，创建基本突出块特征，如图 8-5 所示。

图 8-3 "突出块"对话框

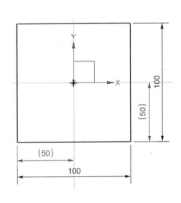

图 8-4 绘制轮廓草图

4．创建裂口特征

1）选择"菜单(M)"→"插入(S)"→"转换(V)"→"裂口(R)..."，或者单击"主页"选项卡"转换"面板上"更多"库中的"裂口"按钮，打开如图 8-6 所示的"裂口"对话框。

图 8-5　创建基本突出块特征

图 8-6　"裂口"对话框

2）单击图标，选择突出块的上表面，绘制裂口特征轮廓草图，如图 8-7 所示。单击 "完成"图标，草图绘制完毕。

3）在"裂口"对话框中单击 确定 按钮，完成裂口特征的创建如图 8-8 所示。

图 8-7　草绘边

图 8-8　创建裂口特征

8.2　转换为钣金向导

利用转换为钣金向导命令可通过创建裂口、清理非钣金体，将一般实体转换为钣金体。

选择"菜单(M)"→"插入(S)"→"转换(V)"→"转换为钣金向导(W)..."，或者单击 "主页"选项卡"转换"面板上"更多"库中的"转换为钣金向导"按钮，打开如图 8-9 所示的"转换为钣金向导"对话框。

8.2.1　选项及其参数

1."裂口（可选）"选项卡

1）撕边：用于创建边缘裂口特征所要选择的边缘。系统默认选中图标。

2）曲线：单击图标，可指定已有的曲线来创建裂口特征。

3）绘制截面：单击图标，可选择钣金件平面作为参考平面绘制直线草图来创建裂口

特征。

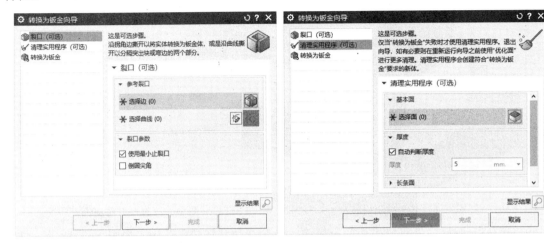

a）"裂口（可选）"选项卡　　　　　　　b）"清理实用程序（可选）"选项卡

c）"转换为钣金"选项卡

图 8-9 "转换为钣金向导"对话框

2．"清理实用程序（可选）"选项卡

（1）基本面：用于指定基准面以推断清理零件的厚度。

（2）自动判断厚度：勾选该复选框，在选择非钣金零件进行清理后，推断生成的钣金零件的厚度。

3．"转换为钣金"选项卡

（1）全局转换：允许在全局转换期间选择一个基本面来创建转换为钣金特征。

（2）局部转换：

1）选择基本面：允许在局部转换期间选择一个基本面来创建转换为钣金特征。

2）选择要转换的面：选择一个或多个面创建转换为钣金特征。

（3）保持折弯半径为零：勾选此复选框，在转换为钣金时，在折弯内侧保留零件的半径，如图 8-10 所示。

a）取消勾选"保持折弯半径为零"复选框

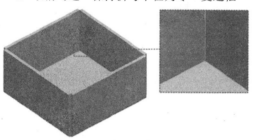

b）勾选"保持折弯半径为零"复选框

图 8-10　"保持折弯半径为零"示意图

8.2.2　实例——空心端头

1．创建钣金文件

选择"菜单(M)"→"文件(F)"→"新建(N)…"，或者单击"主页"选项卡"标准"面板上的"新建"按钮，打开"新建"对话框。在"模型"选项卡中选择"NX 钣金"模板，在"名称"文本框中输入"空心端头"，单击 确定 按钮，进入 UG NX 钣金设计环境。

2．预设置 NX 钣金参数

选择"菜单(M)"→"首选项(P)"→"钣金(H)…"，打开如图 8-11 所示的"钣金首选项"对话框，设置"材料厚度"、"折弯半径"、"让位槽深度"和"让位槽宽度"均为 3、"中性因子值"为 0.33，其他参数采用默认设置。

3．绘制非钣金零件草图

单击"主页"选项卡"构造"面板上的"草图"按钮，选择 XY 平面为草图绘制面，绘制非钣金零件草图，如图 8-12 所示。单击"完成"图标，草图绘制完毕。

4．拉伸生成非钣金零件

1）选择"菜单(M)"→"插入(S)"→"切割(T)"→"拉伸(X)…"，或者单击"主页"选项卡"建模"面板上的"拉伸"按钮，打开如图 8-13 所示的"拉伸"对话框。选择如图 8-12 所示的非钣金零件草图，设置拉伸"终止距离"为 50，其他参数设置如图 8-13 所示。

图 8-11 "钣金首选项"对话框

图 8-12 非钣金零件体草图

2）在"拉伸"对话框中单击 <确定> 按钮，拉伸生成非钣金零件，如图 8-14 所示。

5．创建拉伸特征

1）选择"菜单(M)"→"插入(S)"→"切割(T)"→"拉伸(X)..."，或者单击"主页"选项卡"建模"面板上的"拉伸"按钮 ，打开如图 8-15 所示的"拉伸"对话框。

图 8-13 "拉伸"对话框

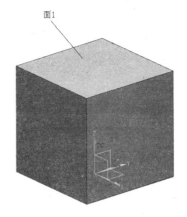

图 8-14 拉伸生成非钣金零件

2）单击"绘制截面"按钮 ，打开"创建草图"对话框，选择图 8-14 中的面 1 为草图绘制平面，单击 确定 按钮，绘制如图 8-16 所示的草图。单击"完成"按钮 ，返回到"拉伸"对话框，如图 8-15 所示设置参数，然后单击 <确定> 按钮，完成拉伸特征的创建，结果如图 8-17 所示。

6．转换为钣金件

1）选择"菜单(M)"→"插入(S)"→"转换(V)"→"转换为钣金向导(W)..."，或者单击"主页"选项卡"转换"面板上"更多"库中的"转换为钣金向导"按钮，打开如图 8-18
所示的"转换为钣金向导"对话框。

图 8-15 "拉伸"对话框

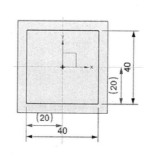

图 8-16 绘制草图

图 8-17 创建拉伸特征

图 8-18 "转换为钣金向导"对话框 1

图 8-19 选择边

2）选择如图 8-19 所示的 4 条边线为要撕开的边，连续两次单击 下一步 > 按钮，此时"转
换为钣金向导"对话框如图 8-20 所示。

3）选择如图 8-21 所示的平面为全局转换的基本面。

4）单击 完成 按钮，将非钣金件转换为钣金件，如图 8-22 所示。

图 8-20 "转换为钣金向导"对话框 2

图 8-21 选择基本面

图 8-22 转换为钣金件

8.3 综合实例——仪器后盖

首先绘制草图,利用通过曲线组命令创建基体,然后利用抽壳命令创建壳,利用转换为钣金命令将实体转换为钣金件,再利用凹坑命令创建凹槽,最后利用法向开孔和阵列命令完成仪器后盖的创建。创建的仪器后盖如图 8-23 所示。

图 8-23 仪器后盖

1.新建文件

选择"菜单(M)"→"文件(F)"→"新建(N)…",或者单击"主页"选项卡"标准"面板中的"新建"按钮 ,打开"新建"对话框。在模板列表中选择"模型",输入名称为"仪器后盖",单击 确定 按钮,进入建模环境。

2.创建基准平面

1)选择"菜单(M)"→"插入(S)"→"基准(D)"→"基准平面(D)…",或者单击"主页"选项卡"构造"面组"基准"下拉菜单中的"基准平面"按钮 ,打开如图 8-24 所示的"基准平面"对话框。

2)在绘图区选择 XY 平面,设置"距离"为 40,单击 应用 按钮,创建基准平面 1。

3）在绘图区选择 XY 平面，设置"距离"为 50，单击 应用 按钮，创建基准平面 2。

4）在绘图区选择 XY 平面，设置"距离"为 60，单击 <确定> 按钮，创建基准平面 3，结果如图 8-25 所示。

图 8-24　"基准平面"对话框

图 8-25　创建基准平面

3. 绘制草图 1

1）选择"菜单(M)"→"插入(S)"→"草图(S)…"命令，打开"创建草图"对话框。

2）在绘图区选择 XY 平面为草图绘制面，单击 确定 按钮，进入草图绘制环境，绘制如图 8-26 所示的草图 1。

3）单击"完成" 图标，退出草图绘制环境。

4. 绘制草图 2

1）选择"菜单(M)"→"插入(S)"→"草图(S)…"命令，打开"创建草图"对话框。

2）选择基准平面 1 为草图绘制面，单击 确定 按钮，进入草图绘制环境，绘制如图 8-27 所示的草图 2。

3）单击"完成"图标 ，退出草图绘制环境。

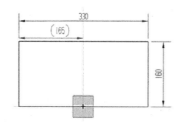

图 8-26　绘制草图 1

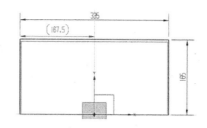

图 8-27　绘制草图 2

5. 绘制草图 3

1）选择"菜单(M)"→"插入(S)"→"草图(S)…"命令，打开"创建草图"对话框。

2）选择基准平面 2 为草图绘制面，单击 确定 按钮，进入草图绘制环境，绘制如图 8-28

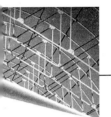
所示的草图 3。

3）单击"完成"图标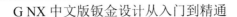，退出草图绘制环境。

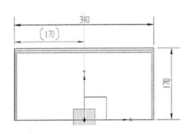

图 8-28 绘制草图 3

6．绘制草图 4

1）选择"菜单(M)"→"插入(S)"→"草图(S)…"命令，打开"创建草图"对话框。

2）选择基准平面 3 为草图绘制面，单击 确定 按钮，进入草图绘制环境，绘制如图 8-29 所示的草图 4。

3）单击"完成"图标，退出草图绘制环境。

7．创建通过曲线组特征

1）选择"菜单(M)"→"插入(S)"→"网格曲面(M)"→"通过曲线组(T)…"命令，或者单击"曲面"选项卡"基本"面板上的"通过曲线组"按钮，打开如图 8-30 所示的"通过曲线组"对话框。

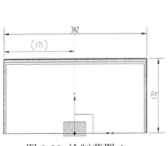

图 8-29 绘制草图 4   图 8-30 "通过曲线组"对话框

2）依次选择前面绘制的 4 个草图为截面（选中草图后，绘图区会显示曲线方向箭头的预览，可以单击"反向"按钮调整曲线的方向），每选择一个草图可单击"添加新截面"按钮或按鼠标中键确认，在"通过曲线组"对话框中的"对齐"选项组中勾选"保留形状"

复选框，设置"体类型"为"实体"。

3）单击 <kbd>＜确定＞</kbd> 按钮，完成通过曲线组特征的创建，结果如图 8-31 所示。

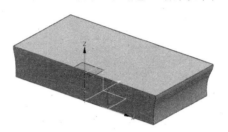

图 8-31 创建通过曲线组特征

8．隐藏基准平面和草图

1）选择"菜单(<u>M</u>)"→"编辑(<u>E</u>)"→"显示和隐藏(<u>H</u>)"→"隐藏(<u>H</u>)…"命令，打开如图 8-32 所示的"类选择"对话框。

2）单击"类型过滤器"按钮 ，打开"按类型选择"对话框，选择"草图"和"基准"选项，如图 8-33 所示，单击 确定 按钮。

3）返回到"类选择"对话框，单击"全选"按钮 ，选中视图中所有的草图和基准平面，单击 确定 按钮，隐藏基准平面和草图，结果如图 8-34 所示。

图 8-32 "类选择"对话框

图 8-33 "按类型选择"对话框

9．创建抽壳特征

1）选择"菜单(<u>M</u>)"→"插入(<u>S</u>)"→"偏置/缩放(<u>O</u>)"→"抽壳(<u>H</u>)…"命令，或者单击"主页"选项卡"基本"面板中的"抽壳"按钮 ，打开如图 8-35 所示的"抽壳"对话框。

2）选择"打开"类型，输入"厚度"为 1，在"相切边"下拉列表中选择"相切延伸面"

并勾选"使用补片解析自相交"复选框。

图 8-34 隐藏基准平面和草图

3）在绘图区选择如图 8-36 所示的面为要穿透的面。单击 < 确定 > 按钮，完成抽壳特征的创建，结果如图 8-37 所示。

10．创建转换成钣金特征

1）单击"应用模块"选项卡"设计"面板上的"钣金"按钮，打开钣金设计模块。

2）选择"菜单(M)"→"插入(S)"→"转换(V)"→"转换为钣金(C)..."，或者单击"主页"选项卡"转换"面板上的"转换为钣金"按钮，打开如图 8-38 所示的"转换为钣金"对话框。

3）在绘图区选择全局转换的基本面，如图 8-39 所示。

图 8-35 "抽壳"对话框

图 8-36 选择要穿透的面

图 8-37 创建抽壳特征

4）单击 确定 按钮，将实体转换为钣金。

11．创建凹坑特征 1

1）选择"菜单(M)"→"插入(S)"→"冲孔(H)"→"凹坑(D)..."，或者单击"主页"选项卡"凸模"面板上的"凹坑"按钮，打开如图 8-40 所示的"凹坑"对话框。

2）单击"绘制截面"按钮，打开"创建草图"对话框。

3）在绘图区选择如图 8-41 所示的平面为草图绘制面，单击 确定 按钮，进入草图绘制环境，绘制如图 8-42 所示的草图。

图 8-38 "转换为钣金"对话框

图 8-39 选择全局转换的基本面

4）单击"完成"图标![icon]，草图绘制完毕。绘图区显示如图 8-43 所示创建的凹坑特征预览。

图 8-40 "凹坑"对话框

图 8-41 选择草图绘制面

5）在如图 8-40 所示的对话框中，设置"深度"为 7、"侧角"为 0、"侧壁"为"材料外侧"，勾选"倒圆凹坑边"复选框，设置"冲压半径"和"冲模半径"分别为 7 和 2。单击 < 确定 > 按钮，创建凹坑特征 1，如图 8-44 所示。

12．阵列特征

1）选择"菜单(M)"→"插入(S)"→"关联复制(A)"→"阵列特征(A)..."，或者单击"主页"选项卡"建模"面板上的"阵列特征"按钮![icon]，打开如图 8-45 所示的"阵列特征"对话框。

2）选择刚创建的凹坑为要阵列的特征，设置"布局"为"线性"、"指定矢量"为"XC 轴"，输入"数量"为 2、"间隔"为 300。

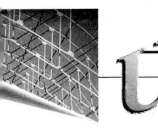

GNX中文版钣金设计从入门到精通

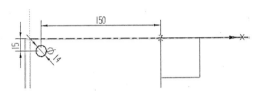

图 8-42　绘制草图

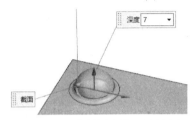

图 8-43　预览所创建的凹坑特征　　　　图 8-44　创建凹坑特征 1

3）勾选"使用方向 2"复选框，设置"指定矢量"为"YC 轴"，输入"数量"为 2、"间隔"为 130。

4）单击 确定 按钮，完成阵列特征，如图 8-46 所示。

图 8-45　"阵列特征"对话框

图 8-46　阵列特征

13．创建凹坑特征 2

1）选择"菜单(M)"→"插入(S)"→"冲孔(H)"→"凹坑(D)…"，或者单击"主页"选项卡"凸模"面板上的"凹坑"按钮◆，打开"凹坑"对话框。

2）单击"绘制截面"按钮，打开"创建草图"对话框。

3）在绘图区选择如图 8-41 所示的平面为草图绘制面，单击 按钮，进入草图绘制环境，绘制如图 8-47 所示的草图。单击"完成"图标，草图绘制完毕。

4）在如"凹坑"对话框中设置"深度"为 5、"侧角"为 30、"侧壁"为"材料内侧"，勾选"倒圆凹坑边"复选框，设置"冲压半径"和"冲模半径"分别为 0 和 2。单击 按钮，创建凹坑特征 2，如图 8-48 所示。

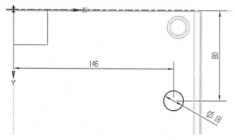

图 8-47　绘制草图

图 8-48　创建凹坑特征 2

14．创建凹坑特征 3

1）选择"菜单(M)"→"插入(S)"→"冲孔(H)"→"凹坑(D)…"，或者单击"主页"选项卡"凸模"面板上的"凹坑"按钮◆，打开"凹坑"对话框。

2）单击"绘制截面"按钮，打开"创建草图"对话框。

3）在绘图区选择如图 8-41 所示的平面为草图绘制面，单击 按钮，进入草图绘制环境，绘制如图 8-49 所示的草图。单击"完成"图标，草图绘制完毕。

4）在"凹坑"对话框中，设置"深度"为 4、"侧角"为 0、"侧壁"为"材料内侧"，勾选"倒圆凹坑边"复选框，设置"冲压半径"和"冲模半径"分别为 0 和 2。单击 按钮，创建凹坑特征 3，如图 8-50 所示。

15．创建凹坑特征 4

1）选择"菜单(M)"→"插入(S)"→"冲孔(H)"→"凹坑(D)…"，或者单击"主页"选项卡"凸模"面板上的"凹坑"按钮◆，打开"凹坑"对话框。

2）单击"绘制截面"按钮，打开"创建草图"对话框。

3）在绘图区选择如图 8-41 所示的平面为草图绘制面，单击 按钮，进入草图绘制环境，绘制如图 8-51 所示的草图。单击"完成"图标，草图绘制完毕。

4）在"凹坑"对话框中，设置"深度"为 3、"侧角"为 0、"侧壁"为"材料内侧"，勾选"倒圆凹坑边"和"倒圆截面拐角"复选框，设置"冲压半径""冲模半径"和"拐角半径"分别为 1.2、1.2 和 4。单击 按钮，创建凹坑特征 4，如图 8-52 所示。

16．创建凹坑特征 5

1）选择"菜单(M)"→"插入(S)"→"冲孔(H)"→"凹坑(D)…"，或者单击"主页"

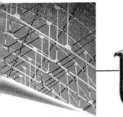

选项卡"凸模"面板上的"凹坑"按钮 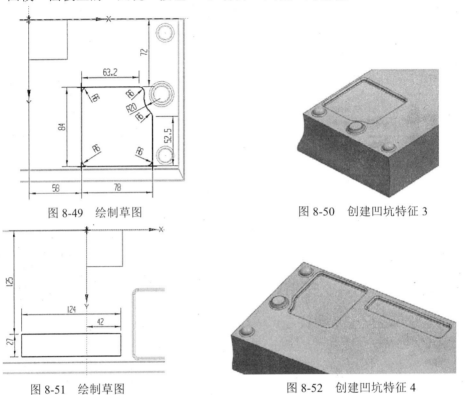，打开"凹坑"对话框。

图 8-49　绘制草图

图 8-50　创建凹坑特征 3

图 8-51　绘制草图

图 8-52　创建凹坑特征 4

2）单击"绘制截面"按钮，打开"创建草图"对话框。

3）在绘图区选择如图 8-41 所示的平面为草图绘制面，单击 确定 按钮，进入草图绘制环境，绘制如图 8-53 所示的草图。单击"完成"图标，草图绘制完毕。

4）在"凹坑"对话框中，设置"深度"为 3、"侧角"为 0、"侧壁"为"材料内侧"，勾选"倒圆凹坑边"复选框，设置"冲压半径"和"冲模半径"均为 1.2。单击 确定 按钮，创建凹坑特征 5，如图 8-54 所示。

图 8-53　绘制草图

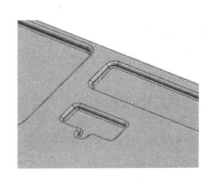

图 8-54　创建凹坑特征 5

17. 创建凹坑特征 6

1）选择"菜单(M)"→"插入(S)"→"冲孔(H)"→"凹坑(D)...",或者单击"主页"选项卡"凸模"面板上的"凹坑"按钮◆,打开"凹坑"对话框。

2）单击"绘制截面"按钮，打开"创建草图"对话框。

3）在绘图区选择如图 8-41 所示的平面为草图绘制面，单击 确定 按钮，进入草图绘制环境，绘制如图 8-55 所示的草图。单击"完成"图标，草图绘制完毕。

4）在"凹坑"对话框中，设置"深度"为 3、"侧角"为 0、"侧壁"为"材料内侧"，勾选"倒圆凹坑边"和"倒圆截面拐角"复选框，设置"冲压半径""冲模半径"和"拐角半径"分别为 1.2、1.2 和 3。单击 <确定> 按钮，创建凹坑特征 6，如图 8-56 所示。

18. 创建凹坑特征 7

1）选择"菜单(M)"→"插入(S)"→"冲孔(H)"→"凹坑(D)...",或者单击"主页"选项卡"凸模"面板上的"凹坑"按钮◆,打开"凹坑"对话框。

2）单击"绘制截面"按钮，打开"创建草图"对话框。

3）在绘图区选择如图 8-41 所示的平面为草图绘制面，单击 确定 按钮，进入草图绘制环境，绘制如图 8-57 所示的草图。单击"完成"图标，草图绘制完毕。

4）在"凹坑"对话框中，设置"深度"为 3、"侧角"为 0、"侧壁"为"材料内侧"，勾选"倒圆凹坑边"和"倒圆截面拐角"复选框，设置"冲压半径""冲模半径"和"拐角半径"分别为 1.2、1.2 和 3。单击 <确定> 按钮，创建凹坑特征 7，如图 8-58 所示。

图 8-55 绘制草图

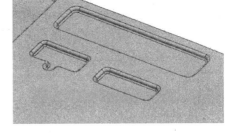

图 8-56 创建凹坑特征 6

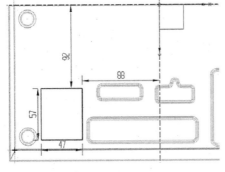

图 8-57 绘制草图

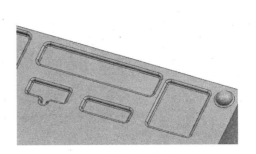

图 8-58 创建凹坑特征 7

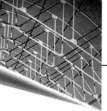
19．创建凹坑特征 8

1）选择"菜单（M）"→"插入（S）"→"冲孔（H）"→"凹坑（D）…"，或者单击"主页"选项卡"凸模"面板上的"凹坑"按钮 ◆，打开"凹坑"对话框。

2）单击"绘制截面"按钮 ◎，打开"创建草图"对话框。

3）在绘图区选择如图 8-41 所示的平面为草图绘制面，单击 确定 按钮，进入草图绘制环境，绘制如图 8-59 所示的草图。单击"完成"图标 ⚑，草图绘制完毕。

4）在"凹坑"对话框中设置"深度"为 3、"侧角"为 0、"侧壁"为"材料内侧"，勾选"倒圆凹坑边"复选框，设置"冲压半径"和"冲模半径"均为 1.2。单击 确定 按钮，创建凹坑特征 8，如图 8-60 所示。

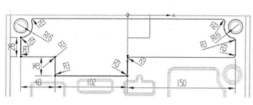

图 8-59 绘制草图

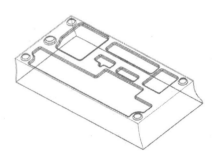

图 8-60 创建凹坑特征 8

20．创建法向开孔特征 1

1）选择"菜单（M）"→"插入（S）"→"切割（T）"→"法向开孔（N）…"，或者单击"主页"选项卡"基本"面板上的"法向开孔"按钮 ◿，打开如图 8-61 所示的"法向开孔"对话框。设置"切割方法"为"厚度"、"限制"为"直至下一个"。

2）单击"绘制截面"按钮 ◎，打开"创建草图"对话框。在绘图区选择草图绘制面，如图 8-62 所示。

图 8-61 "法向开孔"对话框

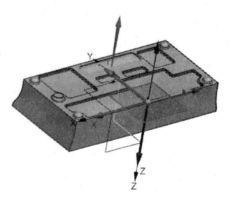

图 8-62 选择草图绘制面

3）绘制如图 8-63 所示的草图。单击"完成"图标，草图绘制完毕。

4）返回到"法向开孔"对话框，单击 ＜确定＞ 按钮，创建法向开孔特征 1，如图 8-64 所示。

21．创建法向开孔特征 2

1）选择"菜单(M)"→"插入(S)"→"切割(T)"→"法向开孔(N)…"，或者单击"主页"选项卡"基本"面板上的"法向开孔"按钮，打开"法向开孔"对话框。设置"切割方法"为"厚度"、"限制"为"直至下一个"。

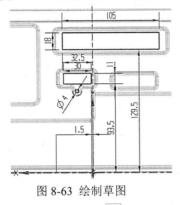

图 8-63　绘制草图

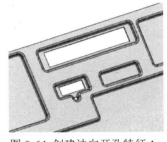

图 8-64　创建法向开孔特征 1

2）单击"绘制截面"按钮，打开"创建草图"对话框。在绘图区选择草图绘制面，如图 8-65 所示。

3）绘制如图 8-66 所示的草图。单击"完成"图标，草图绘制完毕。

图 8-65　选择草图绘制面

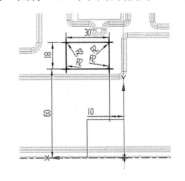

图 8-66　绘制草图

4）返回到"法向开孔"对话框，单击 ＜确定＞ 按钮，创建法向开孔特征 2，如图 8-67 所示。

22．创建法向开孔特征 3

1）选择"菜单(M)"→"插入(S)"→"切割(T)"→"法向开孔(N)…"，或者单击"主页"选项卡"基本"面板上的"法向开孔"按钮，打开"法向开孔"对话框。设置"切割方法"为"厚度"、"限制"为"直至下一个"。

2）单击"绘制截面"按钮，打开"创建草图"对话框。在绘图区选择草图绘制面，如图 8-68 所示。

3）绘制如图 8-69 所示的草图。单击"完成"图标 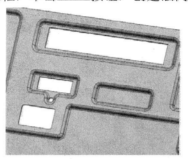 ，草图绘制完毕。

4）返回"法向开孔"对话框，单击 <确定> 按钮，创建法向开孔特征 3，如图 8-70 所示。

图 8-67　创建法向开孔特征 2

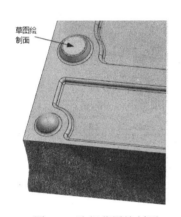

草图绘制面

图 8-68　选择草图绘制面

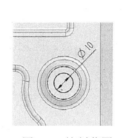

图 8-69　绘制草图

图 8-70　创建法向开孔特征 3

23. 创建法向开孔特征 4

1）选择"菜单(M)"→"插入(S)"→"切割(T)"→"法向开孔(N)…"，或者单击"主页"选项卡"基本"面板上的"法向开孔"按钮 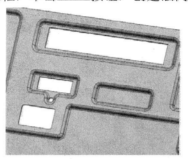 ，打开"法向开孔"对话框。设置"切割方法"为"厚度"、"限制"为"直至下一个"。

2）单击"绘制截面"按钮 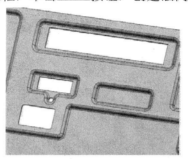 ，打开"创建草图"对话框。在绘图区选择草图绘制面，如图 8-71 所示。

3）绘制如图 8-72 所示的草图。单击"完成"图标 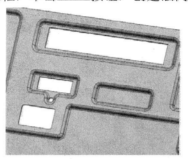 ，草图绘制完毕。

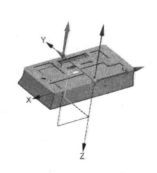

图 8-71　选择草图绘制面

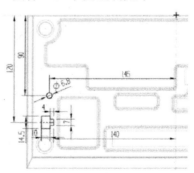

图 8-72　绘制草图

4）返回到"法向开孔"对话框，单击< 确定 >按钮，创建法向开孔特征 4，如图 8-73 所示。

24．创建法向开孔特征 5

1）选择"菜单(M)"→"插入(S)"→"切割(T)"→"法向开孔(N)…"，或者单击"主页"选项卡"基本"面板上的"法向开孔"按钮 ，打开"法向开孔"对话框。设置"切割方法"为"厚度"、"限制"为"直至下一个"。

2）单击"绘制截面"按钮 ，打开"创建草图"对话框。在绘图区选择草图绘制面，如图 8-74 所示。

图 8-73　创建法向开孔特征 4

图 8-74　选择草图绘制面

3）绘制如图 8-75 所示的草图。单击"完成"图标 ，草图绘制完毕。

4）返回到"法向开孔"对话框，单击< 确定 >按钮，创建法向开孔特征 5，如图 8-76 所示。

25．创建法向开孔特征 6

1）选择"菜单(M)"→"插入(S)"→"切割(T)"→"法向开孔(N)…"，或者单击"主页"选项卡"基本"面板上的"法向开孔"按钮 ，打开"法向开孔"对话框。设置"切割方法"为"厚度"、"限制"为"直至下一个"。

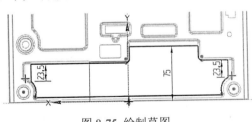

图 8-75　绘制草图

图 8-76　创建法向开孔特征

2）单击"绘制截面"按钮 ，打开"创建草图"对话框。在绘图区选择草图绘制面，如图 8-77 所示。

3）绘制如图 8-78 所示的草图。单击"完成"图标 ，草图绘制完毕。

4）返回到"法向开孔"对话框，单击< 确定 >按钮，创建法向开孔特征 6，如图 8-79 所示。

26．阵列特征

1）选择"菜单(M)"→"插入(S)"→"关联复制(A)"→"阵列特征(A)…"，或者单击

"主页"选项卡"建模"面板上的"阵列特征"按钮，打开"阵列特征"对话框。

图 8-77 选择草图绘制面

图 8-78 绘制草图

图 8-79 创建法向开孔特征

2）选择刚创建法向开孔为要阵列的特征，设置"布局"为"线性"，指定阵列方向为 YC 轴，输入"数量"为 12、"间隔"为 6。

3）勾选"使用方向 2"复选框，设置"指定矢量"为"XC 轴"，输入"数量"为 2、"间隔"为 38。

4）单击 确定 按钮，完成阵列特征，如图 8-80 所示。

27．创建法向开孔特征 7

1）选择"菜单(M)"→"插入(S)"→"切割(T)"→"法向开孔(N)..."，或者单击"主页"选项卡"基本"面板上的"法向开孔"按钮，打开"法向开孔"对话框。设置"切割方法"为"厚度"、"限制"为"直至下一个"。

2）单击"绘制截面"按钮，打开"创建草图"对话框。在绘图区选择草图绘制面，如图 8-81 所示。

图 8-80 阵列特征

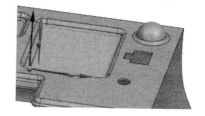

图 8-81 选择草图绘制面

3）绘制如图 8-82 所示的草图。单击"完成"图标，草图绘制完毕。

4）返回到"法向开孔"对话框，单击 确定 按钮，创建法向开孔特征 7，如图 8-83 所示。

28．阵列特征

1）选择"菜单(M)"→"插入(S)"→"关联复制(A)"→"阵列特征（A）..."，或者单击"主页"选项卡"建模"面板上的"阵列特征"按钮，打开"阵列特征"对话框。

2）选择刚创建的法向开孔为要阵列的特征，设置"布局"为"线性"、"指定矢量"为"YC 轴"，输入"数量"为 10、"间隔"为 5。

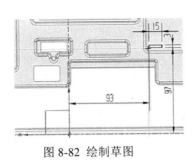

图 8-82 绘制草图

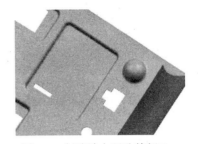

图 8-83 创建法向开孔特征 7

3）勾选"使用方向 2"复选框，设置"指定矢量"为"-XC 轴"，输入"数量"为 2、"间隔"为 22。

4）单击 确定 按钮，完成阵列特征，如图 8-84 所示。

图 8-84 阵列特征

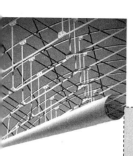

第9章

展平

本章主要介绍了展平特征的创建方法和过程。

重点与难点

- 展平实体
- 展平图样
- 导出展平图样

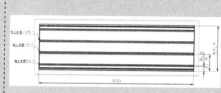

9.1 展平实体

利用展平实体命令可以在同一钣金零件文件中创建平面展开图。展平实体特征版本与成形特征相关联。当采用展平实体命令展开钣金零件时，将创建当前时间戳的展平实体特征，这有助于用户在钣金设计的中间阶段而不是在结束阶段才允许创建展平实体特征。

如果钣金零件包含了变形特征，则这些特征将保持原有的状态；如果更改了钣金模型，则展开图样处理也会自动更新并包含新的特征。展平实体在零件文件中创建新实体的同时保留最初的实体。

选择"菜单(<u>M</u>)"→"插入(<u>S</u>)"→"展平图样(<u>L</u>)"→"展平实体(<u>S</u>)..."，或者单击"主页"选项卡"展平图样"面板上的"展平实体"按钮<img_1 icon>，打开如图 9-1 所示的"展平实体"对话框。

图 9-1 "展平实体"对话框

9.1.1 选项及参数

1. 固定面

该选项为默认选项。可以选择钣金零件表面的平面作为展平实体的固定面，在选定固定

面后系统将以该平面为基准将钣金零件展开。

2．方位

（1）默认：将平面实体定向到默认方向。

（2）选择边：通过移动选定的边缘与绝对坐标系的 X 轴对齐来定位平面实体。

（3）指定坐标系：通过将指定的坐标系与绝对坐标系相匹配来定位平面实体。

3．附加曲线

用于选择要包含在展平实体中的其他曲线或点。

4．外拐角属性

用于设置展开实体的外拐角属性，勾选"全局使用"复选框，将使用系统默认的外拐角属性。

5．内拐角属性

用于设置展开实体的内拐角属性，勾选"全局使用"复选框，将使用系统默认的内拐角属性。

9.1.2 实例——展平端头

1．打开钣金文件

选择"菜单(M)"→"文件(F)"→"打开(O)..."，打开"打开"对话框，选择"空心端头.prt"，单击 ⬛确定 按钮，打开该文件，如图 9-2 所示。

图 9-2 打开钣金文件

2．创建展平实体

1）选择"菜单(M)"→"插入(S)"→"展平图样(L)"→"展平实体(S)..."，或者单击"主页"选项卡"展平图样"面板上的"展平实体"按钮◈，打开如图 9-1 所示的"展平实体"对话框。在绘图区选择如图 9-3 所示的面作为展平实体固定面。

2）在"定向方法"下拉列表中选择"选择边"，在绘图区单击如图 9-4 所示的边的右半部分。

3）单击之后将会在该边上显示一个方向箭头，此方向箭头用于指示如何移动该边，以将创建的展平实体特征定向到与绝对坐标系的 X 轴对齐，如图 9-5 所示。

4）在"展平实体"对话框中单击 确定 按钮，创建展平实体，如图 9-6 所示。

图 9-3　选择固定面

图 9-4　选择边

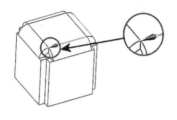

图 9-5　显示方向箭头

图 9-6　创建展平实体

3. 保存文件

选择"菜单(M)"→"文件(F)"→"另存为(A)…"，打开"另存为"对话框，输入文件名称为"展平端头"，单击 确定 按钮，保存文件。

9.2　展平图样

选择"菜单(M)"→"插入(S)"→"展平图样(L)"→"展平图样(P)…"，或单击"主页"选项卡"展平图样"面板上的"展平图样"按钮，打开如图 9-7 所示 d "展平图样"对话框。

图 9-7　"展平图样"对话框

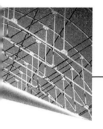

9.2.1 选项及参数

附加曲线：在系统创建平面展开图时，除了生成的一些曲线外，还可以利用此选项来选择其他的曲线、边界或者点加入到平面展开图中。这些所选择的对象会首先投影到零件实体上，然后与平面展开图一起创建。

9.2.2 实例——创建提手图样

1. 打开钣金文件

选择"菜单(M)"→"文件(F)"→"打开(O)..."，打开"打开"对话框，选择"提手.prt"文件，单击 确定 按钮，打开该文件，如图9-8所示。

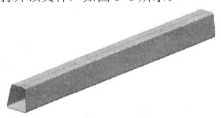

图9-8 打开文件

2. 创建钣金零件的平面展开图

1）选择"菜单(M)"→"插入(S)"→"展平图样(L)"→"展平图样(P)..."，或者单击"主页"选项卡"展平图样"面板上的"展平图样"按钮 ，打开"展平图样"对话框。

2）选择如图9-9所示的钣金件表面为向上面。

3）其他选项采用默认设置，单击 确定 按钮，弹出提示对话框，如图9-10所示。

4）单击 确定(O) 按钮，系统创建独立的展平图样视图 FLAT-PATTERN#1。

图9-9 选取向上面

图9-10 提示对话框

3. 设置视图显示

1）单击"应用模块"选项卡"文档"面板上的"制图"按钮 ，进入制图环境。

2）选择"菜单(M)"→"首选项(P)"→"制图(D)..."，打开如图9-11所示的"制图首选项"对话框。

图 9-11　"制图首选项"对话框

3）在对话框中的"图纸视图"→"公共"→"隐藏线"选项卡中设置隐藏线为不可见，在"图纸视图"→"公共"→"光顺边"选项卡中取消"显示光顺边"复选框的勾选，在"图纸视图"→"公共"→"虚拟交线"选项卡中取消"显示虚拟交线"复选框的勾选，在"展平图样视图"→"标注"选项卡中取消"标注"选项组所有复选框的勾选，如图 9-12 所示，单击 确定 按钮。

图 9-12　"标注"选项卡

4．新建图纸

1）选择"菜单(<u>M</u>)"→"插入(<u>S</u>)"→"图纸页(<u>H</u>)…"，或者单击"主页"选项卡"片体"面板中的"新建图纸页"按钮，打开如图 9-13 所示的"图纸页"对话框。

2）在对话框中选择"标准尺寸"选项，设置图纸"单位"为"毫米"、"尺寸"为"A3-297×420"、"比例"为1:1、"投影法"为，单击 确定 按钮。

5．创建基本视图

1）选择"菜单(<u>M</u>)"→"插入(<u>S</u>)"→"视图(<u>W</u>)"→"基本(<u>B</u>)…"，或者单击"主页"选项卡"视图"面板上的"基本视图"按钮，打开如图 9-14 所示的"基本视图"对话框。

图 9-13　"图纸页"对话框

图 9-14　"基本视图"对话框

2）在"要使用的模型视图"下拉列表中选择"FLAT-PATTERN#1"，单击"定向视图工具"按钮，打开如图 9-15 所示的"定向视图工具"对话框和"定向视图"预览框。

3）在法向"指定矢量"下拉列表中选择"YC"轴，在 X 向"指定矢量"下拉列表中选择"ZC"轴，"定向视图"预览框如图 9-16 所示。单击 确定 按钮。

4）在绘图区适当的位置放置平面展开视图。创建的视图如图 9-17 所示。

5）选择"菜单(<u>M</u>)"→"插入(<u>S</u>)"→"尺寸(<u>M</u>)"→"快速(<u>P</u>)…"，或者单击"主页"选项卡"尺寸"面板上的"快速"按钮，标注尺寸，如图 9-18 所示。

6）选择"菜单(<u>M</u>)"→"插入(<u>S</u>)"→"注释(<u>A</u>)"→"注释(<u>N</u>)…"，或者单击"主页"选项卡"注释"面板上的"注释"按钮A，打开如图 9-19 所示的"注释"对话框，添加如图 9-20 所示的文本标签。

图 9-15 "定向视图工具"对话框和"定向视图"预览框

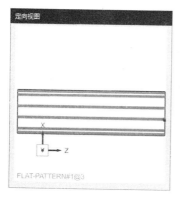

图 9-16 "定向视图"预览框

图 9-17 创建平面展开视图

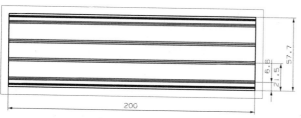

图 9-18 标注尺寸

图 9-19 "注释"对话框

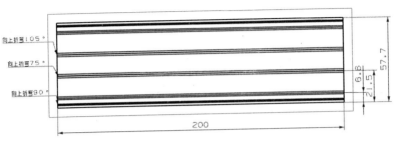

图 9-20　添加文本标签

9.3　导出展平图样

选择"菜单(M)"→"插入(S)"→"展平图样(L)"→"导出展平图样(X)...",或者单击"主页"选项卡"展平图样"面板中的"导出展平图样"按钮，打开如图 9-21 所示的"导出展平图样"对话框。

图 9-21　"导出展平图样"对话框

1. 打开钣金文件

选择"菜单(M)"→"文件(F)"→"打开(O)...",打开"打开"对话框,选择"提手图样.prt"文件,单击　确定　按钮,打开文件,如图 9-22 所示。

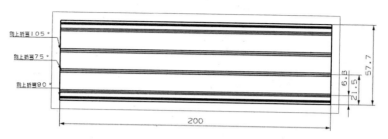

图 9-22　打开钣金文件

2．导出展平图样

1）单击"应用模块"选项卡"设计"面板上的"钣金"按钮 ，进入钣金环境。

2）选择"菜单（M）"→"插入（S）"→"展平图样（L）"→"导出展平图样（X）…"，或者单击"主页"选项卡"展平图样"面板中的"导出展平图样"按钮 ，打开如图 9-23 所示"导出展平图样"对话框。

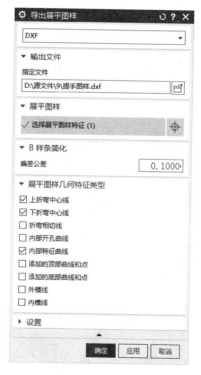

图 9-23　"导出展平图样"对话框

3）在对话框中选择"DXF"类型，指定输出文件路径，在包含"展平图样几何特征类型"中勾选"上折弯中心线""下折弯中心线"和"内部特征曲线"复选框。

4）在"部件导航器'中选择"展平图样"为展平图样特征，单击 确定 按钮，创建"提手图样.dxf"文件。

第10章

UG NX 高级钣金

本章主要介绍了 UG NX 高级钣金特征的创建方法和过程。

重点与难点
- 高级弯边
- 钣金成形

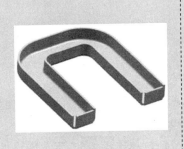

10.1 高级弯边

选择"菜单(M)"→"插入(S)"→"高级钣金(A)"→"高级弯边(A)…",或者单击"主页"选项卡"折弯"面板上"更多"库中的"高级弯边"按钮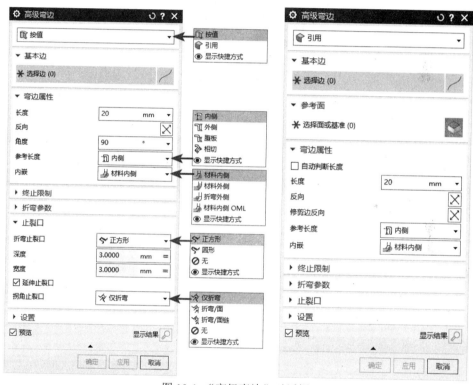,打开如图 10-1 所示的"高级弯边"对话框。

图 10-1 "高级弯边"对话框

10.1.1 选项及参数

1. 类型

(1)按值:用所选取的平面作为弯边的起始位置和终止位置,根据输入的参数定义弯边参数。

(2)引用:用所选取的平面作为弯边的起始位置和终止位置,根据输入的长度值定义弯边的长度,再根据所选的参考面确定弯边的角度值,同时剪裁钣金壁。

2. 自动判断长度

勾选此复选框,将自动判断弯边的长度直到指定的物体参考。

10.1.2 实例——U形槽

首先利用突出块命令创建基本钣金件，然后利用高级弯边命令创建所有的弯边。创建的U形槽效果图如图10-2所示。

图10-2 U形槽

1．创建钣金文件

选择"菜单(M)"→"文件(F)"→"新建(N)..."，或者单击"主页"选项卡"标准"面板中的"新建"按钮⊕，打开"新建"对话框。在"模型"选项卡中选择"NX钣金"模板，在"名称"文本框中输入"U形槽"，在"文件夹"文本框中输入保存路径，单击 确定 按钮，进入钣金设计环境。

2．创建突出块特征

1）选择"菜单(M)"→"插入(S)"→"突出块(B)..."，或者单击"主页"选项卡"基本"面板上的"突出块"按钮◇，打开如图10-3所示的"突出块"对话框。

2）在"突出块"对话框中的"类型"下拉列表中选择"基本"，单击"截面"选项组中的"绘制截面"按钮◎，打开如图10-4所示的"创建草图"对话框。

图10-3 "突出块"对话框

图10-4 "创建草图"对话框

3）在绘图区选择XY平面为草图绘制面，单击 确定 按钮，进入草图绘制环境，绘制如图10-5所示的草图。单击"完成"图标▶，草图绘制完毕。

4）绘图区显示如图10-6所示创建的突出块特征预览。

5）在"突出块"对话框中单击 **确定** 按钮，创建突出块特征。

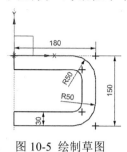

图 10-5 绘制草图

图 10-6 预览所创建的突出块特征

3．创建高级弯边特征

1）选择"菜单(M)"→"插入(S)"→"高级钣金（A）"→"高级弯边（A）…"，或者单击"主页"选项卡"折弯"面板上"更多"库中的"高级弯边"按钮🔷，打开如图 10-7 所示的"高级弯边"对话框。设置"参考长度"为"内侧"、"内嵌"为"折弯外侧"，在"折弯止裂口"和"拐角止裂口"下拉列表中选择"无"。

图 10-7 "高级弯边"对话框

2）选择弯边，输入"长度"为 20、"角度"为 90，同时在绘图区显示所创建的弯边预览，如图 10-8 所示。

3）在"高级弯边"对话框中单击 **应用** 按钮，创建高级弯边特征 1，如图 10-9 所示。

4）选择弯边，输入"长度"为 20、"角度"为 90，同时在绘图区显示所创建的弯边预览，如图 10-10 所示。

5）在"高级弯边"对话框中单击 **应用** 按钮，创建高级弯边特征 2，如图 10-11 所示。

6）选择弯边，输入"长度"为 20、"角度"为 90，同时在绘图区显示所创建的弯边预览，如图 10-12 所示。

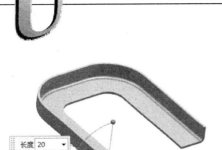

图 10-8 预览所创建的弯边

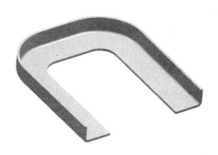

图 10-9 创建高级弯边特征 1

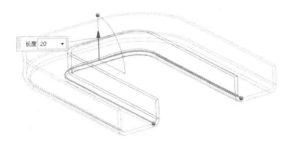

图 10-10 预览所创建的弯边

图 10-11 创建高级弯边特征 2

7）在"高级弯边"对话框中单击 应用 按钮，创建高级弯边特征 3，如图 10-13 所示。

图 10-12 预览所创建的弯边

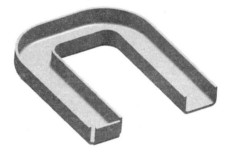

图 10-13 创建高级弯边特征 3

8）选择弯边，输入"长度"为 20，"角度"为 90，同时在绘图区显示所创建的弯边预览，如图 10-14 所示。

9）在"高级弯边"对话框中单击 确定 按钮，创建高级弯边特征 4，如图 10-15 所示。

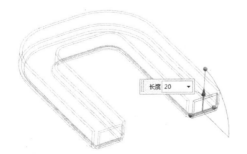

图 10-14 预览所创建的弯边

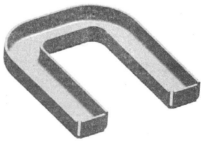

图 10-15 创建高级弯边特征 4

10.2　钣金成形

选择"菜单(<u>M</u>)"→"插入(<u>S</u>)"→"高级钣金(<u>A</u>)"→"钣金成形(<u>M</u>)…",或者单击"主页"选项卡"折弯"面板上"更多"库中的"钣金成形"按钮 ,打开如图 10-16 所示的"钣金成形"对话框。

图 10-16　"钣金成形"对话框

1．开始区域

是指为钣金成形特征指定的最初钣金零件的一组表面。它能够在区域边界上创建一个成形到目标边界的有限元网格。

单击 按钮，可在绘图区的钣金零件中选择钣金成形的一组表面作为钣金成形的区域边界。

2．结束区域

是指为钣金成形特征指定的钣金零件被成形的一组表面。区域的有限元网格映射到这组表面。

单击 按钮，可在绘图区的钣金零件体中选择钣金成形的一组表面作为钣金成形的结束边界。

3．变换几何体

是指用户选择的把区域边界变换到目标边界的目标体。

4．边界条件

（1）约束类型：

1）点到点：此约束要求在开始区域边界选择一个点，同时在结束区域边界上选择一个相对应的点。如果所选择点同时存在于两个区域的边界上，可以直接应用"点到点"约束，也就是说只选择一个点，其他默认就可。对于一般边界条件可以指定点的数目是 2（开始区域边界 1 个，结束区域边界 1 个）。如果选择不同的点，那么原来的点将自动被取消选定，此时将使用新的点。在绘图区的钣金零件体中选择钣金成形的约束点，示意图如图 10-17 所示。

2）沿曲线的点：在绘图区的钣金零件体中选择开始区域边界的一个点和结束区域边界的一条曲线，示意图如图 10-18 所示。

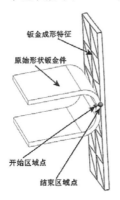

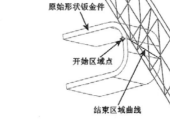

图 10-17 "点到点"钣金成形示意图　　　　图 10-18 "沿曲线的点"钣金成形示意图

3）曲线至曲线：此约束要求在开始区域边界选择一条曲线，同时在结束区域边界上选择一条相对应的曲线。和"点到点"约束一样，如果所选择曲线同时存在于两个区域的边界上，可以直接应用"曲线至曲线"约束，也就是说只选择一个曲线，其他默认即可。对于一般边界条件可以指定连续曲线的最大数目是 2（开始区域边界 1 个，结束区域边界 1 个），示意图如图 10-19 所示。

4）曲线沿曲线：在绘图区的钣金零件体中选择开始区域边界的一条曲线和结束区域边界的一条曲线，示意图如图 10-20 所示。

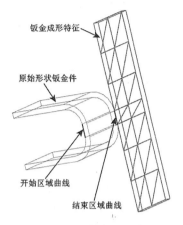
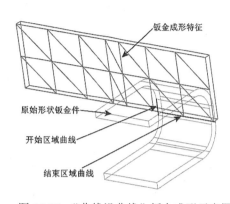

图 10-19　"曲线至曲线"钣金成形示意图　　　图 10-20　"曲线沿曲线"钣金成形示意图

（2）约束名称：在文本框中输入新的约束名称，按 Enter 键，新的名称就会出现在列表中。

（3）添加边界条件：单击 ⊕ 按钮，系统自动在"列表"中创建一个边界条件。

（4）移除：单击 ⊠ 按钮，可将选中的名称在列表中移除。

5．设置

（1）材料属性：

1）屈服应力：指材料从弹性阶段转变成塑性阶段所需要的应力。通常材料在弹性阶段的强度要远大于在塑性阶段的强度，但是一些材料（如复合材料和橡胶等）的性能在某种意义上和这个假设相矛盾，这时就要确定合适的强度值进行钣金成形分析。

2）弹性模量：表示产生单位应变时所需的应力，是反映材料对弹性变形抵抗能力的一个性能指标，其值越大，在相同应力下产生的弹性变形就越小。弹性模量在实际应力低于材料屈服应力的情况下使用是有效的。

3）切线模量：表示应力和应变之间的一种线性关系。应力值在弹性范围内是有效的。

4）泊松比：指横向应变与纵向应变的绝对值之比。

5）r 值：指成形材料的平均应变比或者各向异性属性。r 值的大小影响到钣金成形特征转换成其他形状的难易程度。r 值越高，材料受拉变薄或者受压变厚时受到的阻力最大。均质材料的 r 值默认为 1。

6）中性因子：指在进行钣金成形分析时钣金成形网格所采用的偏置距离。它是由厚度比决定的（即 0.5 表示 1/2 厚度值）。中性因子的取值范围在 0.0 和 1.0 之间。

（2）移除孔：

1）移除孔：勾选"移除孔"复选框，网格化算法在网格化区域边界时，网格穿过这些孔的边界，忽略这些内部孔，并且删除它们。

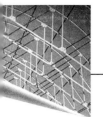

2）最小模量：用于网格穿过孔边缘或移除孔的情形。系统在分析时将最小模量值赋予处在区域边界中每个孔域的每个元节点。

（3）公差：用于在区域边界产生有限元网格的情形。公差包括"弦""角度"和"线性" 3 个参数。用户可自定义公差，如果公差和区域边界的总大小相比非常小，那么可产生有限数量的网格。如果公差和边界区域的总大小相比非常大，那么在公差允许范围内不能产生所希望的映射结果。系统根据钣金零件的复杂性，可自动推断公差。

10.3 综合实例——抽屉支架

首先利用突出块命令创建基本钣金件，然后利用高级弯边命令创建两侧的附加壁，利用法向开孔命令创建孔，最后利用倒角命令在钣金件上倒圆角。创建的抽屉支架如图 10-21 所示。

图 10-21 抽屉支架

1．创建钣金文件

选择"菜单(M)"→"文件(F)"→"新建(N)..."，打开"新建"对话框。在"模型"选项卡中选择"NX 钣金"模板，在"名称"文本框中输入"抽屉支架"，在"文件夹"文本框中输入保存路径，单击 [确定] 按钮，进入 UG NX 钣金设计环境。

2．钣金参数预设置

选择"菜单(M)"→"首选项(P)"→"钣金(H)..."，打开如图 10-22 所示的"钣金首选项"对话框。在"全局参数"学校组中设置"材料厚度"为 0.8、"折弯半径"为 0.8、"让位槽深度"和"让位槽宽度"均为 0，在"折弯定义方法"选项组的"公式"下拉列表中选择"折弯许用半径公式"。单击 [确定] 按钮，完成 NX 钣金参数预设置。

3．创建突出块特征

1）选择"菜单(M)"→"插入(S)"→"突出块(B)..."，或者单击"主页"选项卡"基本"面板上的"突出块"按钮 ◇，打开如图 10-23 所示的"突出块"对话框。

2）在"突出块"对话框中的"类型"下拉列表中选择"基本"，单击"截面"选项组中的"绘制截面"按钮 🖉，打开如图 10-24 所示的"创建草图"对话框。

3）在绘图区选择 XY 平面为草图绘制面，单击 [确定] 按钮，进入草图绘制环境，绘制如图

10-25 所示的草图。单击"完成"图标，草图绘制完毕。

图 10-22 "钣金首选项"对话框

图 10-23 "突出块"对话框

图 10-24 "创建草图"对话框

4）绘图区显示如图 10-26 所示创建的突出块特征预览。

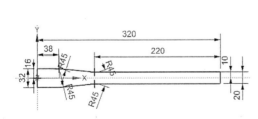

图 10-25 绘制草图

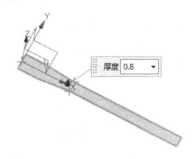

图 10-26 预览所创建的突出块特征

5）在"突出块"对话框中单击 确定 按钮，创建突出块特征，如图 10-27 所示。

4. 创建高级弯边特征 1

1）选择"菜单（M）"→"插入（S）"→"高级钣金（A）"→"高级弯边（A）…"，或者单击"主页"选项卡"折弯"面板上"更多"库中的"高级弯边"按钮 ，打开如图 10-28 所示的"高级弯边"对话框。设置"内嵌"为"折弯外侧"，在"折弯止裂口"和"拐角止裂口"下拉列表中选择"无"。

图 10-27 创建突出块特征

图 10-28 "高级弯边"对话框

2）选择弯边，输入"长度"为 6、"角度"为 90，在绘图区显示所创建的高级弯边特征预览，如图 10-29 所示。

3）在"高级弯边"对话框中单击 确定 按钮，创建高级弯边特征，如图 10-30 所示。

5．创建伸直特征

1）选择"菜单(M)"→"插入(S)"→"成形(R)"→"伸直(U)..."，或者单击"主页"选项卡"折弯"面板上的"伸直"按钮 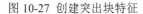，打开如图 10-31 所示的"伸直"对话框。

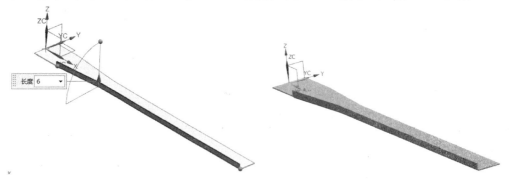

图 10-29 预览创建的高级弯边特征

图 10-30 创建高级弯边特征

2）在视图中选择突出块上表面为固定面，选择如图 10-32 所示的折弯。

图 10-31 "伸直"对话框

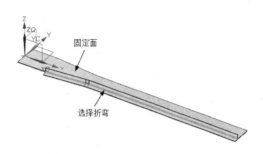

图 10-32 选择固定面和折弯

3）在"伸直"对话框中单击 确定 按钮，展开钣金件，如图 10-33 所示。

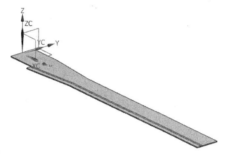

图 10-33 展开钣金件

6. 创建法向开孔特征

1）选择"菜单(M)"→"插入(S)"→"切割(T)"→"法向开孔(N)..."，或者单击"主页"选项卡"基本"面板上的"法向开孔"按钮 🔗，打开如图 10-34 所示的"法向开孔"对话框。设置"切割方法"为"厚度"、"限制"为"直至下一个"。

2）单击"绘制截面"按钮 🔲，打开"创建草图"对话框。在绘图区选择草图绘制面，如图 10-35 所示。

图 10-34 "法向开孔"对话框

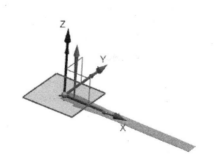

图 10-35 选择草图绘制面

3）绘制如图 10-36 所示的草图。单击"完成"图标，草图绘制完毕。

4）返回到"法向开孔"对话框，单击 确定 按钮，创建法向开孔特征，如图 10-37 所示。

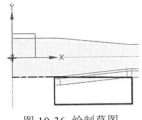

图 10-36 绘制草图

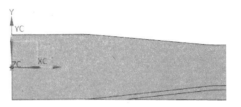

图 10-37 创建法向开孔特征

7. 创建重新折弯特征

1）选择"菜单(M)"→"插入(S)"→"成形(R)"→"重新折弯(R)..."，或者单击"主页"选项卡"折弯"面板上的"重新折弯"按钮，打开如图 10-38 所示的"重新折弯"对话框。

2）在绘图区中选择如图 10-39 所示的固定面和折弯。

图 10-38 "重新折弯"对话框

图 10-39 选择固定面和折弯

3）在"重新折弯"对话框中单击 确定 按钮，重新折弯钣金件，如图 10-40 所示。

8. 创建另一侧高级弯边特征 1

重复步骤 4~7，在另一侧创建相同参数的高级弯边特征，如图 10-41 所示。

图 10-40 重新折弯钣金件

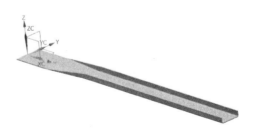

图 10-41 创建另一侧高级弯边特征

9. 创建高级弯边特征 2

1）选择"菜单(M)"→"插入(S)"→"高级钣金(A)"→"高级弯边(A)..."，或者单击

"主页"选项卡"折弯"面板上"更多"库中的"高级弯边"按钮，打开如图 10-42 所示的"高级弯边"对话框。设置"内嵌"为"折弯外侧"，在"折弯止裂口"和"拐角止裂口"下拉列表中选择"无"。

图 10-42　"高级弯边"对话框

2）选择弯边，输入"长度"为 5、"角度"为 90，在绘图区显示所创建的弯边预览，如图 10-43 所示。

3）在"高级弯边"对话框中单击 **确定** 按钮，创建高级弯边特征 2，如图 10-44 所示。

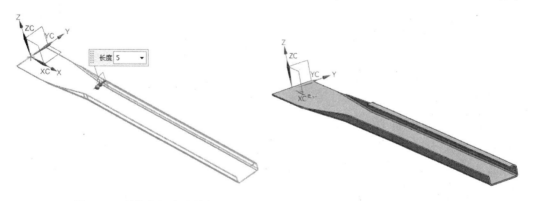

图 10-43　预览高级弯边特征　　　　　图 10-44　创建高级弯边特征 2

10．创建法向开孔特征 1

1）选择"菜单(M)"→"插入(S)"→"切割(T)"→"法向开孔(N)..."，或者单击"主页"选项卡"基本"面板上的"法向开孔"按钮，打开如图 10-45 所示的"法向开孔"对

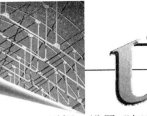

话框。设置"切割方法"为"厚度"、"限制"为"直至下一个"。

2）单击"绘制截面"按钮，打开"创建草图"对话框。在绘图区选择草图绘制面，如图 10-46 所示。

图 10-45 "法向开孔"对话框

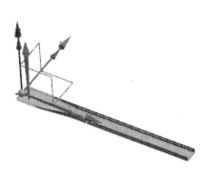

图 10-46 选择草图绘制面

3）绘制如图 10-47 所示的草图。单击"完成"图标，草图绘制完毕。

4）返回到"法向开孔"对话框单击 <确定> 按钮，创建法向开孔特征 1，如图 10-48 所示。

11．阵列特征

1）选择"菜单(M)"→"插入(S)"→"关联复制(A)"→"阵列特征(A)..."，或者单击"主页"选项卡"建模"面板上的"阵列特征"按钮，打开如图 10-49 所示的"阵列特征"对话框。

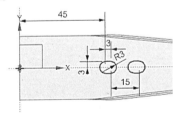

图 10-47 绘制草图

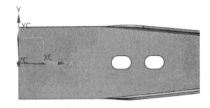

图 10-48 创建法向开孔特征 1

2）选择刚创建的法向开孔为要形成阵列的特征，设置"布局"为"线性"，指定阵列方向为 XC 轴，输入"数量"为 2，"间隔"为 230。

3）在对话框中单击 确定 按钮，完成阵列特征，如图 10-50 所示。

12．创建法向开孔特征 2

1）选择"菜单(M)"→"插入(S)"→"切割(T)"→"法向开孔(N))..."，或者单击"主页"选项卡"基本"面板上的"法向开孔"按钮，打开如图 10-51 所示的"法向开孔"对话框。设置"切割方法"为"厚度"、"限制"为"直至下一个"。

2）单击"绘制截面"按钮，打开"创建草图"对话框。在绘图区选择草图绘制面，如图 10-52 所示。

图 10-49 "阵列特征"对话框

图 10-50 阵列法向开孔特征

图 10-51 "法向开孔"对话框

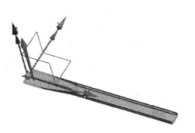

图 10-52 选择草图绘制面

3）绘制如图 10-53 所示的草图。单击"完成"图标，草图绘制完毕。

4）返回到"法向开孔"对话框，单击 确定 按钮，创建法向开孔特征 2，如图 10-54 所示。

13. 创建凹坑特征

1）选择"菜单(M)"→"插入(S)"→"冲孔(H)"→"凹坑(D)..."，或者单击"主页"选项卡"凸模"面板上的"凹坑"按钮，打开如图 10-55 所示的"凹坑"对话框。

2）在"凹坑"对话框中单击"绘制截面"按钮，打开"创建草图"对话框。

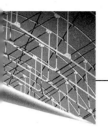

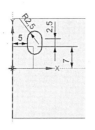

图 10-53 绘制草图

图 10-54 创建法向开孔特征 2

图 10-55 "凹坑"对话框

3）在绘图区选择如图 10-56 所示的平面为草图绘制面，单击 <u>确定</u> 按钮，进入草图绘制环境，绘制如图 10-57 所示的草图。

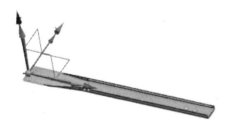

图 10-56 选择草图绘制面

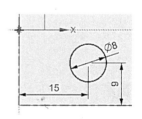

图 10-57 绘制草图

4）单击"完成"图标 ，草图绘制完毕，绘图区显示如图 10-58 所示创建的凹坑特征预览。

5）在"凹坑"对话框中，设置"深度"为 1.5、"侧角"为 0、"侧壁"为"材料内侧"，勾选"倒圆凹坑边"复选框，设置"冲压半径"和"冲模半径"均为 0.5。单击 <u>确定</u> 按钮，创建凹坑特征，如图 10-59 所示。

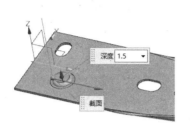

图 10-58 预览所创建的凹坑特征

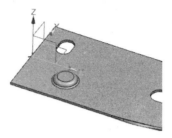

图 10-59 创建凹坑特征

14．创建法向开孔特征 3

1）选择"菜单(M)"→"插入(S)"→"切割(T)"→"法向开孔(N)..."，或者单击"主页"选项卡"基本"面板上的"法向开孔"按钮，打开"法向开孔"对话框。设置"切割方法"为"厚度"，"限制"为"直至下一个"。

2）单击"绘制截面"按钮，打开"创建草图"对话框。在绘图区选择草图绘制面，如图 10-60 所示。

3）绘制如图 10-61 所示的草图。单击"完成"图标，草图绘制完毕。

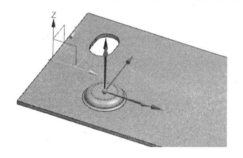

图 10-60 选择草图绘制面

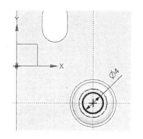

图 10-61 绘制草图

4）返回到"法向开孔"对话框，单击 确定 按钮，创建法向开孔特征 3，如图 10-62 所示。

15．创建筋特征

1）选择"菜单(M)"→"插入(S)"→"冲孔(H)"→"筋(B)..."，或者单击"主页"选项卡"凸模"面板上"更多"库中的"筋"按钮，打开如图 10-63 所示的"筋"对话框。

2）设置"横截面"为"V形"、"（D）深度"为1、"（R）半径"为1、"（A）角度"为45、"端部条件"为"锥孔"、"拔模距离"为10，勾选"圆角筋边"复选框，输入"冲模半径"为0.2。

3）单击"截面"选项组中的"绘制截面"按钮，选择如图 10-64 所示的面为草图绘制面。

4）绘制如图 10-65 所示的草图。单击"完成"图标，草图绘制完毕。

5）在绘图区预览所创建的筋特征，如图 10-66 所示。

6）在"筋"对话框中单击 确定 按钮，创建筋特征，如图 10-67 所示。

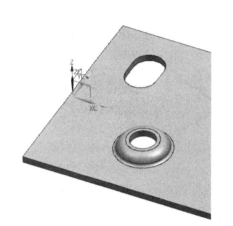

图 10-62 创建法向开孔特征

图 10-63 "筋"对话框

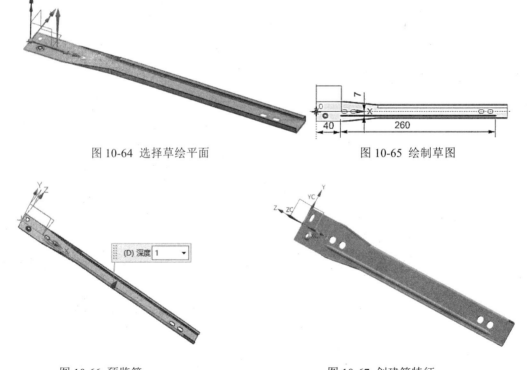

图 10-64 选择草绘平面

图 10-65 绘制草图

图 10-66 预览筋

图 10-67 创建筋特征

16. 镜像特征

1) 选择"菜单(<u>M</u>)"→"插入(<u>S</u>)"→"关联复制(<u>A</u>)"→"镜像特征(<u>R</u>)…"命令,打开

如图 10-68 所示的"镜像特征"对话框。

图 10-68 "镜像特征"对话框 4

2）选择刚创建的筋特征作为要镜像的特征。

3）在"平面"下拉列表中选择"新平面"选项，选择 XC-ZC 平面为镜像平面。

4）单击 确定 按钮，完成镜像特征，如图 10-69 所示。

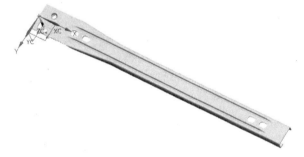

图 10-69 创建镜像特征后的钣金件

17．创建法向开孔特征 4

1）选择"菜单(M)"→"插入(S)"→"切割(T)"→"法向开孔(N)…"，或者单击"主页"选项卡"基本"面板上的"法向开孔"按钮，打开"法向开孔"对话框。设置"切割方法"为"厚度"、"限制"为"贯通"，勾选"对称深度"复选框。

2）单击"绘制截面"按钮，打开"创建草图"对话框。在绘图区选择 XZ 平面为草图绘制面。

3）绘制如图 10-70 所示的草图。单击"完成"图标，草图绘制完毕。

图 10-70 绘制草图

4）返回到"法向开孔"对话框，单击 确定 按钮，创建法向开孔特征 4，如图 10-71 所示。

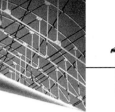

18. 创建圆角特征

1）选择"菜单(M)"→"插入(S)"→"拐角(O)"→"倒角(B)..."命令，或者单击"主页"选项卡"拐角"面板上的"倒角"按钮，打开如图 10-72 所示的"倒角"对话框。设置"方法"为"圆角"，输入"半径"为 5。

图 10-71 创建法向开孔特征 4

2）在视图中选择如图 10-73 所示的弯边棱边为要倒角的边。

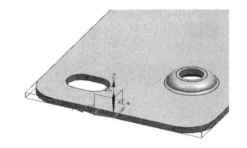

图 10-72 "倒角"对话框　　　　　　　　　图 10-73 选择要倒角的边

3）在对话框中单击 确定 按钮，创建圆角特征，如图 10-74 所示。

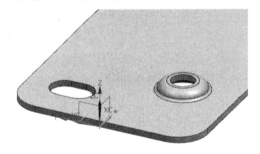

图 10-74 创建圆角特征

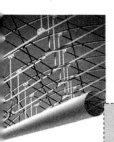

第11章

消毒柜综合实例

　　本章主要介绍了消毒柜的建模过程。消毒柜主要由顶后板箱体、左侧板箱体、右侧板箱体、底板箱体、吊板箱体、左右加强条箱体、底壳、内胆主板、内胆侧板等组成。通过本实例，可使读者掌握如何利用钣金应用模块完成模型创建的方法。

重点与难点

- ■　箱体顶后板
- ■　箱体左侧板
- ■　箱体右侧板
- ■　箱体底板
- ■　箱体吊板
- ■　箱体左右加强条
- ■　箱体底壳
- ■　内胆主板
- ■　内胆侧板

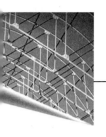

11.1 箱体顶后板

首先利用轮廓弯边命令创建钣金基体，然后利用弯边命令创建弯边，最后利用法向开孔命令创建孔。创建的箱体顶后板的效果如图 11-1 所示。

图 11-1 箱体顶后板

1. 新建文件

选择"菜单(M)"→"文件(F)"→"新建(N)..."，或者单击"主页"选项卡"标准"面板上的"新建"按钮，打开"新建"对话框，如图 11-2 所示。在"模板"中选择"NX 钣金"，在"名称"文本框中输入"箱体顶后板"，在"文件夹"文本框中输入保存路径，单击 确定 按钮，进入 UG NX 钣金设计环境。

图 11-2 "新建"对话框

2. 设置钣金首选项

1）选择"菜单(M)"→"首选项(P)"→"钣金(H)..."，打开如图 11-3 所示的"钣金首选项"对话框。

2）"全局参数"选项组中设置"材料厚度"为 0.6、"折弯半径"为 0.6、"让位槽深度"和"让位槽宽度"均为 0，在"方法"下拉列表中选择"公式"，在"公式"下拉列表中选择"折弯许用半径"。

3）单击 确定 按钮，完成 NX 钣金预设置。

3．创建轮廓弯边特征

1）选择"菜单(M)"→"插入(S)"→"折弯(N)"→"轮廓弯边(C)..."，或者单击"主页"选项卡"基本"面板上"弯边"下拉菜单中的"轮廓弯边"按钮 ，打开如图 11-4 所示的"轮廓弯边"对话框。设置"宽度选项"为"有限"、"宽度"为 300、"折弯止裂口"和"拐角止裂口"均为"无"。

图 11-3 "钣金首选项"对话框

图 11-4 "轮廓弯边"对话框

2）单击"截面"选项组中的"绘制截面"按钮 ，打开如图 11-5 所示的"创建草图"对话框。

3）在"创建草图"对话框中，类型选择"基于平面"，在绘图区选择"XY 平面"为草图绘制面，单击 确定 按钮，进入草图绘制环境，绘制如图 11-6 所示的草图。单击"完成"图标 ，退出草图绘制环境。

4）在绘图区预览所创建的轮廓弯边特征，如图 11-7 所示。

5）在"轮廓弯边"对话框中单击 确定 按钮，创建轮廓弯边特征，如图 11-8 所示。

4．创建弯边特征

1）选择"菜单(M)"→"插入(S)"→"折弯(N)"→"弯边(F)..."，或单击"主页"选项卡"基本"面板中的"弯边"按钮 ，打开如图 11-9 所示的"弯边"对话框。

2）设置"宽度选项"为"完整"、"长度"为 10、"角度"为 90、"参考长度"为"外侧"、"内嵌"为"材料外侧"，在 "折弯止裂口"和"拐角止裂口"下拉列表中选择"无"。

图 11-5 "创建草图"对话框

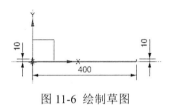

图 11-6 绘制草图

图 11-7 预览所创建的轮廓弯边特征

图 11-8 创建轮廓弯边特征

3）选择弯边，同时在绘图区显示所创建的弯边预览，如图 11-10 所示。

4）在"弯边"对话框中单击 应用 按钮，创建弯边特征 1，如图 11-11 所示。

图 11-9 "弯边"对话框

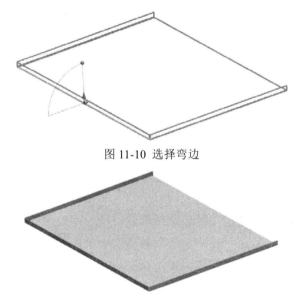

图 11-10 选择弯边

图 11-11 创建弯边特征 1

270

5）选择弯边，同时在绘图区显示所创建的弯边预览，如图 11-12 所示。在"弯边"对话框中，设置"宽度选项"为"完整"、"长度"为 15、"角度"为 90、"参考长度"为"外侧"、"内嵌"为"材料外侧"，在"折弯止裂口"和"拐角止裂口"下拉列表中选择"无"。

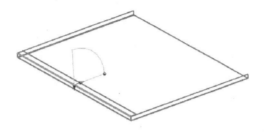

图 11-12 选择弯边

6）在"弯边"对话框中，单击 应用 按钮，创建弯边特征 2，如图 11-13 所示。

7）选择弯边，同时在绘图区预览显示所创建的弯边，如图 11-14 所示。设置"宽度选项"为"完整"，"长度"为 300，"角度"为 90，"参考长度"为"外侧"，"内嵌"为"材料外侧"，在"折弯止裂口"和"拐角止裂口"下拉列表中选择"无"。

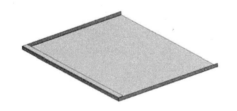

图 11-13 创建弯边特征 2

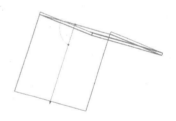

图 11-14 选择弯边

8）在"弯边"对话框中单击 应用 按钮，创建弯边特征 3，如图 11-15 所示。

9）在"弯边"对话框中，设置"宽度选项"为"完整"，"长度"为 40，"角度"为 90、"参考长度"为"外侧"、"内嵌"为"材料外侧"，在"折弯止裂口"和"拐角止裂口"下拉列表中选择"无"。选择弯边，同时在绘图区显示所创建的弯边预览，如图 11-16 所示。

图 11-15 创建弯边特征 3

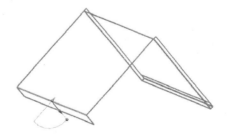

图 11-16 预览所创建的弯边

10）在"弯边"对话框中单击 应用 按钮，创建弯边特征 4，如图 11-17 所示。

11）在"弯边"对话框中，设置"宽度选项"为"完整"、"长度"为 8、"角度"为 90、"参考长度"为"外侧"、"内嵌"为"材料外侧"，在"折弯止裂口"和"拐角止裂口"下拉列表中选择"无"。选择弯边，同时在绘图区显示所创建的弯边预览，如图 11-18 所示。

图 11-17 创建弯边特征 4

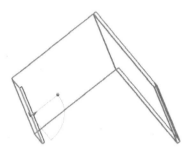

图 11-18 预览所创建的弯边

12）在"弯边"对话框中单击 应用 按钮，创建弯边特征 5，如图 11-19 所示。

13）在"弯边"对话框中，设置"宽度选项"为"完整"、"长度"为 20、"角度"为 90、"参考长度"为"外侧"、"内嵌"为"材料外侧"，在"折弯止裂口"和"拐角止裂口"下拉列表中选择"无"。选择弯边，同时在绘图区显示所创建的弯边预览，如图 11-20 所示。

图 11-19 创建弯边特征 5

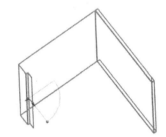

图 11-20 预览所创建的弯边

14）在"弯边"对话框中，单击 < 确定 > 按钮，创建弯边特征 6，如图 11-21 所示。

5．创建法向开孔特征

1）选择"菜单(M)"→"插入(S)"→"切割(T)"→"法向开孔(N)…"，或者单击"主页"选项卡"基本"面板上的"法向开孔"按钮 ，打开如图 11-22 所示的"法向开孔"对话框。

2）在"法向开孔"对话框中单击"绘制截面"按钮 ，打开"创建草图"对话框，类型选择"基于平面"。在绘图区选择草图工作平面，如图 11-23 所示。

3）在"创建草图"对话框中单击 确定 按钮，进入草图设计环境。单击"主页"选项卡"曲线"面板上的"圆"按钮 ，选择"圆心和直径定圆"，输入圆心坐标为（20，-12）、"直径"为 5，接着输入圆心坐标为（100，-12）、"直径"为 5，绘制如图 11-24 所示的草图。单击"主页"选项卡"曲线"面板上的"直线"按钮 ，输入起点坐标为（200，10）、

"长度"和"角度"分别为 360 和 270，绘制直线。单击"主页"选项卡"曲线"面板上的"镜像"按钮，选择刚创建的两个圆，以刚创建的直线为镜像线，单击 < 确定 > 按钮，完成两个圆的镜像。单击"完成"按钮，草图绘制完毕。

图 11-21 创建弯边特征 6

图 11-22 "法向开孔"对话框

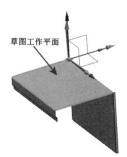

图 11-23 选择草图绘制面

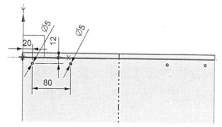

图 11-24 绘制草图

4）绘图区预览所创建的法向开孔特征，如图 11-25 所示。

5）在"法向开孔"对话框中，设置"限制"为"直至下一个"，单击 < 确定 > 按钮，创建法向开孔特征，如图 11-26 所示。

图 11-25 预览所创建的法向开孔特征

图 11-26 创建法向开孔特征

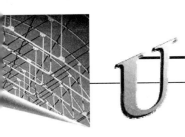

11.2 箱体左侧板

首先利用拉伸命令创建基本实体,再利用裂口命令在实体的四边创建裂口,通过转换为钣金命令将其转换成钣金件,然后利用伸直命令将钣金件伸直并利用法向开孔命令修剪弯边,最后利用重新折弯命令完成钣金件的成形。重建的箱体左侧板的如图 11-27 所示。

图 11-27 箱体左侧板

1. 新建文件

选择"菜单(M)"→"文件(F)"→"新建(N)...",或者单击"主页"选项卡"标准"面板上的"新建"按钮,打开"新建"对话框。在"模板"列表中选择"NX 钣金",在"名称"文本框中输入"箱体左侧板",在"文件夹"文本框中输入保存路径,单击 确定 按钮,进入 UG NX 钣金设计环境。

2. 设置钣金首选项

1)选择"菜单(M)"→"首选项(P)"→"钣金(H)...",打开如图 11-28 所示的"钣金首选项"对话框。

2)在"全局参数"选项组中设置"材料厚度"为 0.6、"折弯半径"为 0.3、"让位槽深度"和"让位槽宽度"均为 0,在"方法"下拉列表中选择"公式",在"公式"下拉列表中选择"折弯许用半径"。

3)在对话框中单击 确定 按钮,完成 NX 钣金参数预设置。

3. 绘制草图

1)选择"菜单(M)"→"插入(S)"→"草图(S)...",打开如图 11-29 所示的"创建草图"对话框。

2)在"创建草图"对话框中,类型选择"基于平面",在绘图区选择 XY 平面为草图绘制面,单击 确定 按钮,进入草图绘制环境。单击"主页"选项卡"曲线"面板上的"矩形"按钮□,选择"按 2 点"矩形方法,选择"原点",设置"宽度"和"高度"分别为 310 和 301.2,绘制如图 11-30 所示的草图。单击"完成"按钮,退出草图绘制环境。

4. 创建拉伸特征

1)选择"菜单(M)"→"插入(S)"→"切割(T)"→"拉伸(X)..."命令,或者单击"主页"选项卡"建模"面板上的"拉伸"按钮,打开如图 11-31 所示的"拉伸"对话框。

2)在绘图区选择刚绘制的草图。在"拉伸"对话框中,设置终止距离为 20,"指定矢量"选择"ZC 轴"。在绘图区预览所创建的拉伸特征,如图 11-32 所示。

图 11-28 "钣金首选项"对话框

图 11-29 "创建草图"对话框

图 11-30 绘制草图

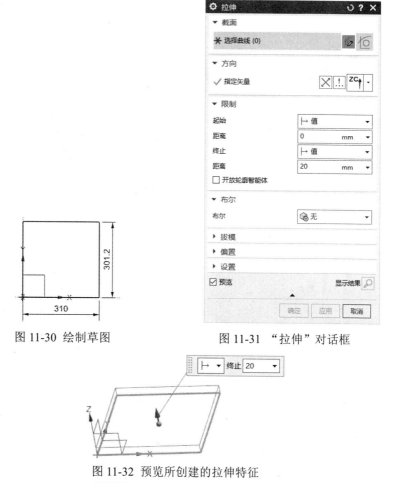

图 11-31 "拉伸"对话框

图 11-32 预览所创建的拉伸特征

3）在"拉伸"对话框中单击 <确定> 按钮，创建拉伸特征，如图 11-33 所示。

5．创建拉伸特征

1）选择"菜单(M)"→"插入(S)"→"切割(T)"→"拉伸(X)…"命令，或者单击"主页"选项卡"建模"面板上的"拉伸"按钮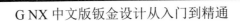，打开如图 11-34 所示的"拉伸"对话框。

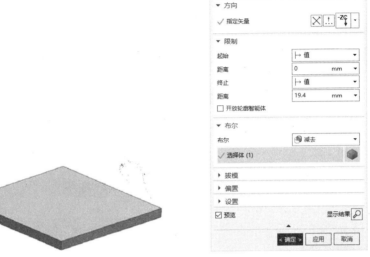

图 11-33 创建拉伸特征　　　　图 11-34 "拉伸"对话框

2）单击"绘制截面"按钮，弹出"创建草图"对话框，在绘图区选择如图 11-35 所示的平面为草图绘制平面，然后单击"创建草图"对话框中的选择水平参考按钮，在绘图区选择 X 轴，最后单击"创建草图"对话框中的按钮，进入到草图绘制界面，绘制如图 11-36 所示的草图。

图 11-35　选择草图绘制面

图 11-36　绘制草图

3）单击"完成"图标，返回到"拉伸"对话框。在"拉伸"对话框中，设置终止距离为 19.4，"指定矢量"选择"-ZC 轴"，在"布尔"下拉列表中选择"减去"。单击按钮，创建拉伸特征，如图 11-37 所示。

6．创建裂口特征

1）选择"菜单(M)"→"插入(S)"→"转换(V)"→"裂口(R)…"，或者单击"主页"选项卡"转换"面板上"更多"库中的"裂口"按钮，打开如图 11-38 所示的"裂口"对话框。

图 11-37 创建拉伸特征

2）在绘图区选择边（里侧的边），如图 11-39 所示。

图 11-38 "裂口"对话框

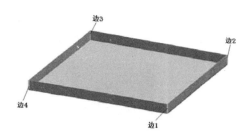

图 11-39 选择边

3）在"裂口"对话框中单击 确定 按钮，创建裂口特征，如图 11-40 所示。

图 11-40 创建裂口特征

7．创建转换为钣金特征

1）选择"菜单(M)"→"插入(S)"→"转换(V)"→"转换为钣金(C)..."，或者单击"主页"选项卡"转换"面板上的"转换为钣金"按钮 ，打开如图 11-41 所示的"转换为钣金"对话框。

2）在绘图区选择基本面，如图 11-42 所示。

3）在"转换为钣金"对话框中单击 确定 按钮，将实体转换为钣金，如图 11-43 所示。

8．创建伸直特征

1）选择"菜单(M)"→"插入(S)"→"成形(R)"→"伸直(U)..."，或者单击"主页"选项卡"折弯"面板上的"伸直"按钮 ，打开如图 11-44 所示的"伸直"对话框。

2）在绘图区选择固定面，如图 11-45 所示。

3）在绘图区选择折弯，如图 11-46 所示。

图 11-41 "转换为钣金"对话框

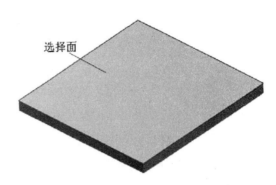

图 11-42 选择基本面

图 11-43 将实体转换为钣金

图 11-44 "伸直"对话框

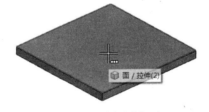

图 11-45 选择固定面

4）在"伸直"对话框中单击 < 确定 > 按钮，创建伸直特征，如图 11-47 所示。

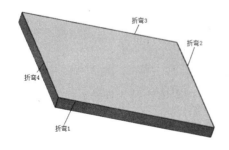

图 11-46 选择折弯

图 11-47 创建伸直特征

9．绘制草图

1）选择"菜单(M)"→"插入(S)"→"草图(S)…"命令，打开如图 11-29 所示的"创建草图"对话框,类型选择"基于平面"。在绘图区选择草图绘制面,如图 11-48 所示。

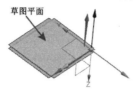

图 11-48 选择草图工作平面

2)在"创建草图"对话框中单击 确定 按钮,进入草图绘制环境,绘制如图 11-49 所示的草图。单击"完成"按钮 ,退出草图绘制环境。

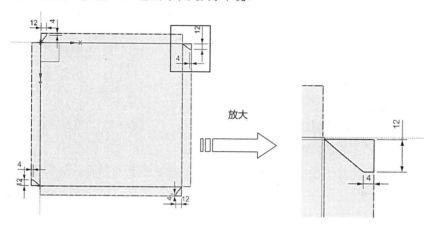

图 11-49 绘制草图

10.创建法向开孔特征

1)选择"菜单(M)"→"插入(S)"→"切割(T)"→"法向开孔(N)...",或者单击"主页"选项卡"基本"面板上的"法向开孔"按钮 ,打开如图 11-50 所示的"法向开孔"对话框。

2)在绘图区选择刚创建的草图,如图 11-51 所示。

图 11-50 "法向开孔"对话框

图 11-51 选择创建的草图

3）在"法向开孔"对话框中设置"切割方法"为"厚度"、"限制"选择"直至下一个"。单击<确定>按钮，创建法向开孔特征，如图11-52所示。

11．创建重新折弯特征

1）选择"菜单(M)"→"插入(S)"→"成形(R)"→"重新折弯(R)..."，或者单击"主页"选项卡"折弯"面板上的"重新折弯"按钮，打开如图11-53所示的"重新折弯"对话框。

图11-52 创建法向开孔特征　　　　图11-53 "重新折弯"对话框

2）在绘图区选择折弯边，如图11-54所示。

3）在"重新折弯"对话框中单击<确定>按钮，创建重新折弯特征，如图11-55所示。

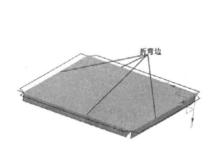

图11-54 选择折弯边　　　　图11-55 创建重新折弯特征

11.3 箱体右侧板

　　首先在箱体左侧板的基础上删除部分特征并编辑拉伸特征，然后利用裂口命令切割视图的边缘，利用转换为钣金命令将实体转换为钣金件，利用弯边命令在钣金件上创建弯边，利用封闭拐角命令创建封闭拐角，利用伸直命令展开弯边，利用法向开孔命令修剪弯边，最后利用重新折弯命令完成钣金件的成形。创建的箱体右侧板如图11-56所示。

1．打开文件

　　选择"菜单(M)"→"文件(F)"→"打开(O)..."命令，打开"打开"对话框。选择"箱体左侧板.prt"，单击　确定　按钮，打开文件。

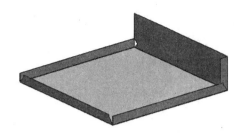

图 11-56 箱体右侧板

2. 另存文件

选择"菜单(M)"→"文件(F)"→"另存为(A)..."命令，打开"另存为"对话框，在"文件名"中输入"箱体右侧板.prt"，单击 确定 按钮，另存钣金文件。

3. 删除特征

单击绘图区左侧的 图标，打开"部件导航器"对话框，按住 Shift 键，在特征列表中依次选中"拉伸（3）"下面的其他特征，然后右击，在快捷工具条上单击 × 按钮，或者在弹出的快捷菜单中选择"删除"命令，如图 11-57 所示，将选中的特征删除。

4. 编辑拉伸特征

1）单击绘图区左侧的 图标，打开"部件导航器"对话框，选中"拉伸（3）"，然后右击，在弹出的快捷菜单上选择"编辑参数"命令，如图 11-58 所示。

图 11-57 选择"删除"命令

图 11-58 选择"编辑参数"命令

2）打开如图 11-59 所示的"拉伸"对话框，单击"绘制截面"按钮 ，打开草图绘制

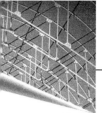

界面，将高度值修改为 300.6，如图 11-60 所示。

图 11-59 "拉伸"对话框

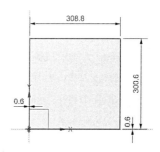

图 11-60 修改草图

3）单击"完成"图标，返回到"拉伸"对话框，单击 **确定** 按钮，完成拉伸特征的编辑，如图 11-61 所示。

5．创建裂口特征

1）选择"菜单(M)"→"插入(S)"→"转换(V)"→"裂口(R)..."，或者单击"主页"选项卡"转换"面板上"更多"库中的"裂口"按钮，打开如图 11-62 所示的"裂口"对话框。

图 11-61 编辑拉伸特征

图 11-62 "裂口"对话框

2）在绘图区选择边，如图 11-63 所示。

3）在"裂口"对话框中单击 **确定** 按钮，创建裂口特征，如图 11-64 所示。

6．创建转换为钣金特征

1）选择"菜单(M)"→"插入(S)"→"转换(V)"→"转换为钣金(C)..."，或者单击"主页"选项卡"转换"面板上的"转换为钣金"按钮，打开如图 11-65 所示的 "转换为钣金"对话框。

图 11-63　选择边　　　　　　　　　　图 11-64　创建裂口特征

2）在绘图区选择基本面，如图 11-66 所示。

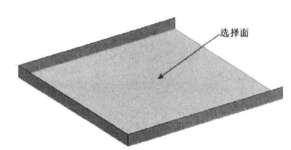

图 11-65　"转换为钣金"对话框　　　　　图 11-66　选择基本面

3）在"转换为钣金"对话框中单击 确定 按钮，将实体转换为钣金，如图 11-67 所示。

图 11-67　将实体转换为钣金

7. 创建弯边

1）选择"菜单(M)"→"插入(S)"→"折弯(N)"→"弯边(F)..."，或单击"主页"选项卡"基本"面板中的"弯边"按钮，打开如图 11-68 所示的"弯边"对话框。

2）选择弯边，同时在绘图区显示所创建的弯边预览，如图 11-69 所示。在"弯边"对话框中，设置"宽度选项"为"完整"、"长度"为 75、"角度"为 90、"参考长度"为"外

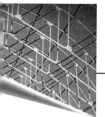

侧"、"内嵌"为"材料外侧",在"折弯止裂口"和"拐角止裂口"下拉列表中选择"无"。

图 11-68 "弯边"对话框

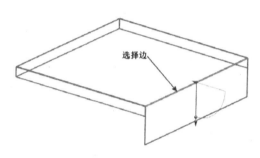

图 11-69 选择弯边

3)单击 < 确定 > 按钮,创建弯边特征,如图 11-70 所示。

8. 创建封闭拐角

1)选择"菜单(M)"→"插入(S)"→"拐角(O)"→"封闭拐角(C)...",或者单击"主页"选项卡"拐角"面板上的"封闭拐角"按钮,打开如图 11-71 所示的"封闭拐角"对话框,设置"处理"为"打开"、"重叠"为"无"、"缝隙"为 0。

图 11-70 创建弯边特征

图 11-71 "封闭拐角"对话框

2)在绘图区选择折弯面,如图 11-72 所示。

3)在"封闭拐角"对话框中单击 应用 按钮,创建封闭拐角 1,如图 11-73 所示。

4）步骤同上，创建封闭拐角 2，如图 11-74 所示。

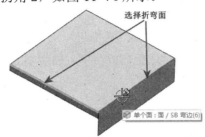

图 11-72 选择折弯面

图 11-73 创建封闭拐角 1

图 11-74 创建封闭拐角 2

9．创建伸直特征

1）选择"菜单(M)"→"插入(S)"→"成形(R)"→"伸直(U)..."，或者单击"主页"选项卡"折弯"面板上的"伸直"按钮，打开如图 11-75 所示的"伸直"对话框。

2）在绘图区选择固定面，如图 11-76 所示。

图 11-75 "伸直"对话框

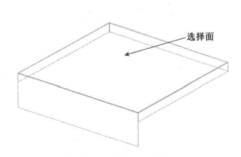

图 11-76 选择固定面

3）在绘图区选择折弯，如图 11-77 所示。

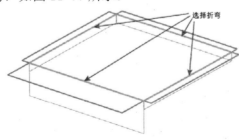

图 11-77 选择折弯

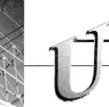

4）在"伸直"对话框中单击 <确定> 按钮，创建伸直特征，如图 11-78 所示。

10．创建法向开孔特征

1）选择"菜单(M)"→"插入(S)"→"切割(T)"→"法向开孔(N)..."，或者单击"主页"选项卡"基本"面板上的"法向开孔"按钮 ，打开如图 11-79 所示 的"法向开孔"对话框。

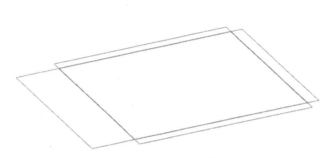

图 11-78 创建伸直特征　　　　图 11-79 "法向开孔"对话框

2）在"法向开孔"对话框中单击"绘制截面"按钮 ，打开如图 11-80 所示的"创建草图"对话框。

3）选择草图绘制面，如图 11-81 所示。

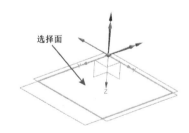

图 11-80 "创建草图"对话框　　　　图 11-81 选择草图绘制面

4）在"创建草图"对话框中单击 确定 按钮，进入草图设计环境，绘制如图 11-82 所示的草图。单击"完成"按钮 ，草图绘制完毕。

5）在绘图区预览所创建的法向开孔特征，如图 11-83 所示。

6）在"法向开孔"对话框中单击 <确定> 按钮，创建法向开孔特征，如图 11-84 所示。

11．创建弯边特征

1）选择"菜单(M)"→"插入(S)"→"折弯(N)"→"弯边(F)..."，或单击"主页"选项卡"基本"面板中的"弯边"按钮 ，打开如图 11-85 所示的"弯边"对话框。

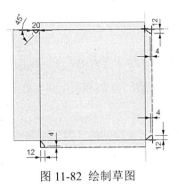

图 11-82 绘制草图

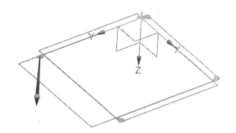

图 11-83 预览所创建的法向开孔特征

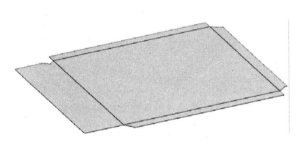

图 11-84 创建法向开孔特征

图 11-85 "弯边"对话框

2）设置"宽度选项"为"完整"、"长度"为20、"角度"为90、"参考长度"为"外侧"、"内嵌"为"材料外侧"，在"折弯止裂口"和"拐角止裂口"下拉列表中选择"无"。

3）选择弯边，同时在绘图区显示所创建的弯边预览，如图 11-86 所示。

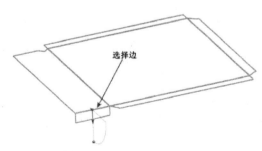

图 11-86 选择弯边

4）在"弯边"对话框中单击 < 确定 > 按钮，创建弯边特征，如图 11-87 所示。

12. 创建重新折弯特征

1）选择"菜单(M)"→"插入(S)"→"成形(R)"→"重新折弯(R)..."，或者单击"主页"选项卡"折弯"面板上的"重新折弯"按钮 ，打开如图 11-88 所示的"重新折弯"对话框。

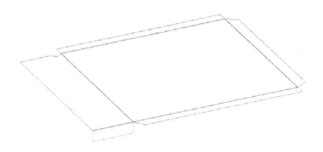

图 11-87 创建弯边特征　　　　　　　　图 11-88 "重新折弯"对话框

2）在绘图区选择折弯，如图 11-89 所示。

3）在"重新折弯"对话框中单击 < 确定 > 按钮，创建重新折弯特征，如图 11-90 所示。

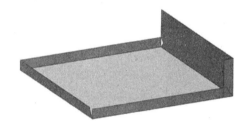

图 11-89 选择折弯　　　　　　　　　　图 11-90 创建重新折弯特征

13. 绘制草图

1）选择"菜单(M)"→"插入(S)"→"草图(S)..."命令，打开"创建草图"对话框。在绘图区选择草图绘制面，如图 11-91 所示。

2）单击 确定 按钮，进入草图绘制环境，绘制如图 11-92 所示的草图。单击"完成"按钮 ，退出草图绘制环境。

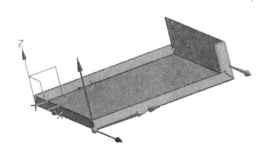
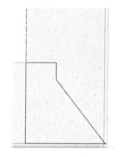

图 11-91 选择草图工作平面　　　　　　图 11-92 绘制草图

14．创建伸直特征

1）选择"菜单(M)"→"插入(S)"→"成形(R)"→"伸直(U)..."，或者单击"主页"选项卡"折弯"面板上的"伸直"按钮 🖑，打开"伸直"对话框。

2）在绘图区选择固定面，如图 11-93 所示。

3）在绘图区选择折弯，如图 11-94 所示。

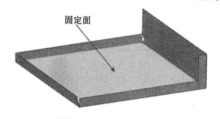

图 11-93 选择固定面

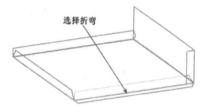

图 11-94 选择折弯

4）在"伸直"对话框中单击 ＜确定＞ 按钮，创建伸直特征，如图 11-95 所示。

15．创建法向开孔特征

1）选择"菜单(M)"→"插入(S)"→"切割(T)"→"法向开孔(N)..."，或者单击"主页"选项卡"基本"面板上的"法向开孔"按钮 🗇，打开如图 11-96 所示的"法向开孔"对话框。

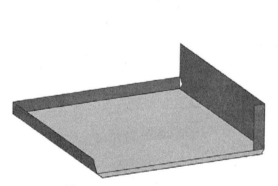

图 11-95 创建伸直特征

图 11-96 "法向开孔"对话框

2）在"法向开孔"对话框中单击"曲线"按钮 🔟 。

3）在绘图区选择图 11-92 所绘制的草图，单击"完成"按钮 🏁 ，退出草图绘制环境。在绘图区预览所创建的法向开孔特征，如图 11-97 所示。

4）在"法向开孔"对话框中单击 ＜确定＞ 按钮，创建法向开孔特征，如图 11-98 所示。

16．创建重新折弯特征

1）选择"菜单(M)"→"插入(S)"→"成形(R)"→"重新折弯(R)..."，或者单击"主页"选项卡"折弯"面板上的"重新折弯"按钮 🗞 ，打开"重新折弯"对话框。在绘图区选择折弯，如图 11-99 所示。

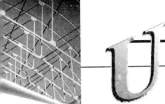

2）在"重新折弯"对话框中单击 < 确定 > 按钮，创建重新折弯特征，如图11-100所示。

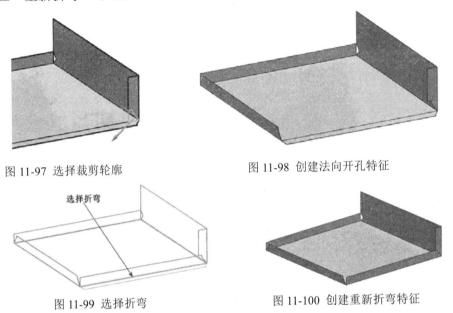

图 11-97 选择裁剪轮廓　　　　　　　　图 11-98 创建法向开孔特征

图 11-99 选择折弯　　　　　　　　图 11-100 创建重新折弯特征

11.4 箱体底板

首先利用轮廓弯边命令创建基本钣金件，然后利用弯边命令对其进行弯边。创建的箱体底板如图11-101所示。

图 11-101 箱体底板

1. 新建文件

选择"菜单(M)"→"文件(F)"→"新建(N)..."，或者单击"主页"选项卡"标准"面板上的"新建"按钮 🗋⊕，打开"新建"对话框。在"模板"列表中选择"NX钣金"，在"名称"文本框中输入"箱体底板"，在"文件夹"文本框中输入保存路径，单击 确定 按钮，进入UG NX钣金设计环境。

2. 设置首选项

1）选择"菜单(M)"→"首选项(P)"→"钣金(H)..."，打开如图11-102所示的"钣金首选项"对话框。

2）在"全局参数"选项组中设置"材料厚度"为 0.6、"折弯半径"为 0.6、"让位槽深度"和"让位槽宽度"均为 0，在"方法"下拉列表中选择"公式"，在"公式"下拉列表中选择"折弯许用半径"。

3）在对话框中单击 确定 按钮，完成 NX 钣金参数预设置。

3．创建轮廓弯边特征

1）选择"菜单(M)"→"插入(S)"→"折弯(N)"→"轮廓弯边(C)…"，或者单击"主页"选项卡"基本"面板上的"弯边下拉菜单"中的"轮廓弯边"按钮，打开如图 11-103 所示的"轮廓弯边"对话框。

图 11-102 "钣金首选项"对话框

图 11-103 "轮廓弯边"对话框

2）设置"宽度选项"为"有限"、"宽度"为 400、"折弯止裂口"和"拐角止裂口"都为"无"。

3）设置"类型"为"柱基"，单击"绘制截面"按钮，打开如图 11-104 所示的"创建草图"对话框。

图 11-104 "创建草图"对话框

4）在绘图区选择 XY 平面为草图绘制面，单击 确定 按钮，进入草图绘制环境，绘制如图 11-105 所示的草图。单击"完成"按钮 ，草图绘制完毕。

5）在绘图区预览所创建的轮廓弯边特征，如图 11-106 所示。

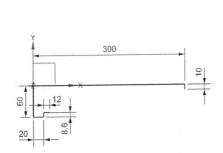

图 11-105 绘制草图　　　　　图 11-106 预览所创建的轮廓弯边特征

6）在"轮廓弯边"对话框中单击 < 确定 > 按钮，创建轮廓弯边特征，如图 11-107 所示。

4. 创建弯边特征

1）选择"菜单(M)"→"插入(S)"→"折弯(N)"→"弯边(F)..."，或单击"主页"选项卡"基本"面板中的"弯边"按钮 ，打开如图 11-108 所示的"弯边"对话框。

图 11-107 创建轮廓弯边特征　　　　　图 11-108 "弯边"对话框

2）设置"宽度选项"为"完整"、"长度"为 10、"角度"为 90、"参考长度"为"外侧"、"内嵌"为"材料外侧"，在"拐角止裂口"和"折弯止裂口"下拉列表中选择"无"。

3）选择弯边，同时在绘图区显示所创建的弯边预览，如图 11-109 所示。

4）在"弯边"对话框中，单击 应用 按钮，创建弯边特征 1，如图 11-110 所示。设置"宽度选项"为"完整"、"长度"为 10、"角度"为 90、"参考长度"为"外侧"、"内嵌"为"材料外侧"，在"折弯止裂口"和"拐角止裂口"下拉列表中选择"无"。

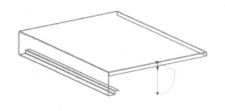

图 11-109 选择弯边

图 11-110 创建弯边特征 1

5）选择弯边，同时在绘图区显示所创建的弯边预览，如图 11-111 所示。

6）在"弯边"对话框中单击 确定 按钮，创建弯边特征 2，如图 11-112 所示。

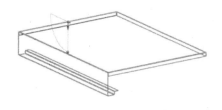

图 11-111 选择弯边

图 11-112 创建弯边特征 2

11.5 箱体吊板

首先利用轮廓弯边命令创建基本钣金件，然后利用法向开孔命令对钣金件进行修剪，最后利用倒角命令在钣金件的锐边上倒圆角。创建的箱体吊板如图 11-113 所示：

图 11-113 箱体吊板

1. 新建文件

选择"菜单(M)"→"文件(F)"→"新建(N)..."，或者单击"主页"选项卡"标准"面板上的"新建"按钮，打开"新建"对话框。在"模板"中选择"NX 钣金"，在"名称"文本框中输入"箱体吊板"，在"文件夹"文本框中输入保存路径，单击 确定 按钮，进入 UG NX 钣金设计环境。

2．设置钣金首选项

1）选择"菜单(M)"→"首选项(P)"→"钣金(H)..."，打开如图 11-114 所示的"钣金首选项"对话框。

2）在"全局参数"选项组中设置"材料厚度"为 0.6、"折弯半径"为 0.6、"让位槽深度"和"让位槽宽度"均为 0，在"方法"下拉列表中选择"公式"，在"公式"下拉列表中选择"折弯许用半径"。

3）单击 确定 按钮，完成 NX 钣金参数预设置。

3．创建轮廓弯边特征

1）选择"菜单(M)"→"插入(S)"→"折弯(N)"→"轮廓弯边(C)..."，或者单击"主页"选项卡"基本"面板上"弯边"下拉菜单中的"轮廓弯边"按钮，打开如图 11-115 所示的"轮廓弯边"对话框。

图 11-114 "钣金首选项"对话框

2）设置"宽度选项"为"对称"、"宽度"为 340、"折弯止裂口"和"拐角止裂口"都为"无"。

3）设置"类型"为"柱基"，单击"绘制截面"按钮，打开如图 11-116 所示的"创建草图"对话框。

4）在绘图区选择 XY 平面为草图绘制面，单击 确定 按钮，进入草图绘制环境，绘制如图 11-117 所示的草图。单击"完成"按钮，退出草图绘制环境。

5）返回到"轮廓弯边"对话框。在绘图区预览所创建的轮廓弯边特征，如图 11-118 所示。

6）在"轮廓弯边"对话框中单击 <确定> 按钮，创建轮廓弯边特征，如图 11-119 所示。

图 11-115 "轮廓弯边"对话框

图 11-116 "创建草图"对话框

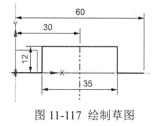

图 11-117 绘制草图

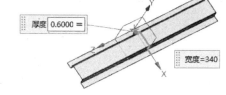

图 11-118 预览所创建的轮廓

图 11-119 创建轮廓弯边特征

4. 创建法向开孔特征

1）选择"菜单(M)"→"插入(S)"→"切割(T)"→"法向开孔(N)...",或者单击"主页"选项卡"基本"面板上的"法向开孔"按钮 ，打开如图 11-120 所示的"法向开孔"对话框。

2）在"法向开孔"对话框中单击"绘制截面"按钮 ，打开"创建草图"对话框。在绘图区选择草图绘制面，如图 11-121 所示。

3）单击 确定 按钮。进入草图设计环境，绘制如图 11-122 所示的草图。单击"完成"按钮 ，退出草图绘制环境。

4）在绘图区预览所创建的法向开孔特征，如图 11-123 所示。

图 11-120 "法向开孔"对话框

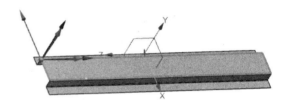

图 11-121 选择草图工作平面

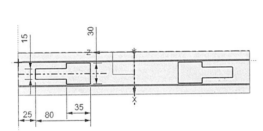

图 11-122 绘制草图

图 11-123 预览所创建的法向开孔特征

5）在"法向开孔"对话框中单击 <确定> 按钮，创建法向开孔特征，如图 11-124 所示。

图 11-124 创建法向开孔特征

5. 创建倒角特征

1）选择"菜单(M)"→"插入(S)"→"拐角(O)"→"倒角(B)…"，或者单击"主页"选项卡"拐角"面板上的"倒角"按钮◇，打开如图 11-125 所示的"倒角"对话框。

图 11-125 "倒角"对话框

2）在"方法"下拉列表中选择"圆角"，输入"半径"为 2。

3）在绘图区选择法向开孔的所有边，如图 11-126 所示。

4）在"倒角"对话框中单击 < 确定 > 按钮，创建倒角特征，如图 11-127 所示。

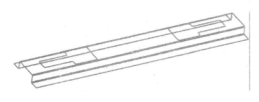

图 11-126 选择法向开孔的所有边   图 11-127 创建圆角特征

11.6 箱体左右加强条

首先利用突出块命令创建基本钣金件，然后利用冲压开孔命令在钣金件上开孔，创建左加强条，最后在左加强条的基础上，利用同样的方法创建右加强条。创建的箱体左右加强条如图 11-128 所示。

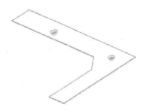

左加强条   右加强条

图 11-128 箱体左右加强条

1. 新建文件

选择"菜单(M)"→"文件(F)"→"新建(N)…"，或者单击"主页"选项卡"标准"面板上的"新建"按钮，打开"新建"对话框。在"模板"中选择"NX 钣金"，在"名称"文本框中输入"箱体左加强条"，在"文件夹"文本框中输入保存路径，单击 确定 按钮，进入 UG NX 2011 钣金设计环境。

2. 设置钣金首选项

1）选择"菜单(M)"→"首选项(P)"→"钣金(H)…"，打开如图 11-129 所示的"钣金首选项"对话框。

2）在"全局参数"选项组中设置"材料厚度"为 0.8、"折弯半径"为 0.8、"让位槽深度"和"让位槽宽度"均为 0，在"方法"下拉列表中选择"公式"，在"公式"下拉列表中选择"折弯许用半径"。

3）单击 确定 按钮，完成 NX 钣金参数预设置。

图 11-129 "钣金首选项"对话框

3．创建突出块特征

1）选择"菜单(M)"→"插入(S)"→"突出块(B)…"，或者单击"主页"选项卡"基本"面板上的"突出块"按钮 ，打开如图 11-130 所示的"突出块"对话框。

图 11-130 "突出块"对话框

2）在"突出块"对话框中的"类型"下拉列表中选择"基本"，单击"绘制截面"按钮，打开如图 11-131 所示的"创建草图"对话框。

3）选择 XY 平面为草图绘制面，在"创建草图"对话框中单击 确定 按钮，进入草图绘制环境，绘制如图 11-132 所示的草图。单击"完成"按钮，退出草图绘制环境。

4）在绘图区显示如图 11-133 所示创建的突出块特征预览。

5）在"突出块"对话框中单击 < 确定 > 按钮，创建突出块特征，如图 11-134 所示。

4．绘制草图

1）选择"菜单(M)"→"插入(S)"→"草图(S)…"，或者单击"主页"选项卡"构造"面板上的"草图"按钮，打开"创建草图"对话框。

2）选择突出块的上表面为草图绘制面，绘制如图 11-135 所示的草图。单击"完成"按钮 ，退出草图绘制环境。

图 11-131 "创建草图"对话框

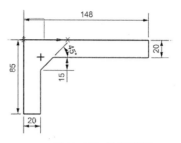

图 11-132 绘制草图

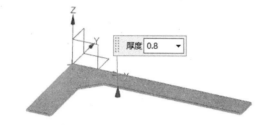

图 11-133 预览所创建的突出块特征

图 11-134 创建突出块特征

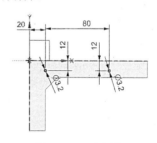

图 11-135 绘制草图

5．创建冲压开孔特征

1）选择"菜单(M)"→"插入(S)"→"冲孔(H)"→"冲压开孔(C)…"，或者单击"主页"选项卡"凸模"面板上"更多"库中的"冲压开孔"按钮 ，打开如图 11-136 所示的"冲压开孔"对话框。

2）在"深度"文本框中输入 2.5，"侧角"文本框中输入 0，"冲模半径"文本框中输入 0.6，其他参数采用默认设置。

3）在绘图区选择曲线，如图 11-137 所示（若预览不符合要求，可单击深度"反向"按钮 改变方向）。

4）在"冲压开孔"对话框中单击 应用 按钮，创建冲压开孔特征 1，如图 11-138 所示。

5）在绘图区选择曲线，如图 11-139 所示。

图 11-136 "冲压开孔"对话框

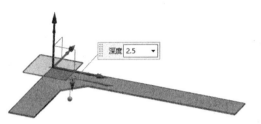

图 11-137 选择曲线

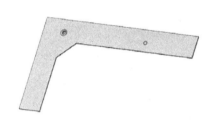

图 11-138 创建冲压开孔特征 1

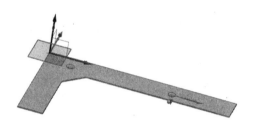

图 11-139 选择曲线

6）在"冲压开孔"对话框中单击 <确定> 按钮，创建冲压开孔特征 2，如图 11-140 所示。

图 11-140 创建冲压开孔特征 2

6. 另存钣金文件

选择"菜单(M)"→"文件(F)"→"另存为(A)..."，打开"另存为"对话框，如图 11-141 所示。在"文件名"文本框中输入"箱体右加强条"，单击 确定 按钮，另存钣金文件。

7. 删除特征

单击绘图区左侧的 图标，打开"部件导航器"，然后在"部件导航器"中选中步骤 4 创建的草图和步骤 5 创建的特征右击，在弹出的快捷菜单上选择"删除"命令，如图 11-142

所示，删除选中的特征和草图。

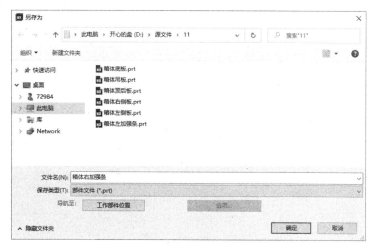

图 11-141　"另存为"对话框

8．绘制草图

1）选择"菜单(<u>M</u>)"→"插入(<u>S</u>)"→"草图(<u>S</u>)…"，或者单击"主页"选项卡"构造"面板上的"草图"按钮，打开"创建草图"对话框。选择草图绘制面，如图 11-143 所示。

图 11-142 快捷菜单

图 11-143 选择草图工作平面

2）进入草图绘制环境，绘制如图 11-144 所示的草图。单击"完成"按钮 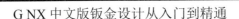，退出草图绘制环境。

9．创建冲压开孔特征

1）选择"菜单（M）"→"插入（S）"→"冲孔（H）"→"冲压开孔（C）..."，或者单击"主页"选项卡"凸模"面板上"更多"库中的"冲压开孔"按钮 ◇，打开如图 11-145 所示的"冲压开孔"对话框。

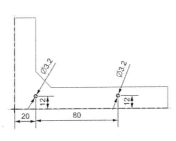

图 11-144 绘制草图

图 11-145 "冲压开孔"对话框

2）在绘图区选择曲线，如图 11-146 所示。

3）在"冲压开孔"对话框中的"深度"文本框中输入 2.5，"侧角"文本框中输入 0，"冲模半径"文本框中输入 0.6，其他参数采用默认设置。单击 应用 按钮，创建冲压开孔特征 3，如图 11-147 所示。

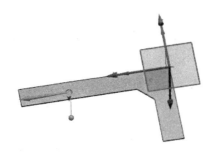

图 11-146 选择曲线

图 11-147 创建冲压开孔特征 3

4）在绘图区选择曲线，如图 11-148 所示。

5）在"冲压开孔"对话框中单击 确定 按钮，创建冲压开孔特征 4，如图 11-149 所示。

图 11-148 选择曲线

图 11-149 创建冲压开孔特征 4

11.7 箱体底壳

首先利用突出块命令创建基本钣金件，然后利用弯边命令在钣金件上创建弯边，利用封闭拐角命令在弯边区创建拐角，利用实体冲压命令在钣金件上创建实体冲压特征，最后利用阵列命令阵列实体冲压特征。创建的箱体底壳如图 11-150 所示。

图 11-150 箱体底壳

1. 新建文件

选择"菜单(M)"→"文件(F)"→"新建(N)…"，或者单击"主页"选项卡"标准"面板上的"新建"按钮，打开"新建"对话框。在"模板"列表中选择"NX 钣金"，在"名称"文本框中输入"箱体底壳"，在"文件夹"文本框中输入保存路径，单击 确定 按钮，进入 UG NX 钣金设计环境。

2. 设置首选项

1）选择"菜单(M)"→"首选项(P)"→"钣金(H)…"，打开如图 11-151 所示的"钣金首选项"对话框。

2）在"全局参数"选项组中设置"材料厚度"为 0.6、"折弯半径"为 0.6、"让位槽深度"和"让位槽宽度"均为 0，在"方法"下拉列表中选择"公式"，在"公式"下拉列表中选择"折弯许用半径"。

3）单击 确定 按钮，完成 NX 钣金参数预设置。

3. 创建突出块特征

1）选择"菜单(M)"→"插入(S)"→"突出块(B)…"，或者单击"主页"选项卡"基本"面板上的"突出块"按钮，打开如图 11-152 所示的"突出块"对话框。

2）在"类型"下拉列表中选择"基本"，单击"绘制截面"按钮，打开如图 11-153

G NX 中文版钣金设计从入门到精通

所示的"创建草图"对话框。设置 XY 平面为草图绘制面,单击 按钮,进入草图绘制环境,绘制如图 11-154 所示的草图。单击"完成"按钮 ,草图绘制完毕。

图 11-151 "钣金首选项"对话框

图 11-152 "突出块"对话框

图 11-153 "创建草图"对话框

3)在"突出块"对话框的"厚度"文本框中输入 0.6,单击 按钮,创建突出块特征,如图 11-155 所示。

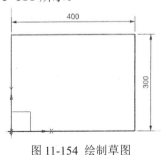

图 11-154 绘制草图

图 11-155 创建突出块特征

4.创建弯边特征

1)选择"菜单(M)"→"插入(S)"→"折弯(N)"→"弯边(F)...",或单击"主页"选项卡"基本"面板中的"弯边"按钮 🧊，打开如图 11-156 所示的"弯边"对话框。

2）设置"宽度选项"为"完整"、"长度"为 9、"角度"为 90、"参考长度"为"外侧"、"内嵌"为"材料内侧"，在"折弯止裂口"和"拐角止裂口"下拉列表中选择"无"。

3）选择弯边，同时在绘图区显示所创建的弯边预览，如图 11-157 所示。

图 11-156 "弯边"对话框

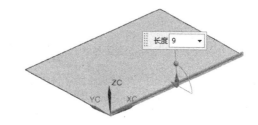

图 11-157 选择弯边

4）在"弯边"对话框中单击 应用 按钮，创建弯边特征 1，如图 11-158 所示。

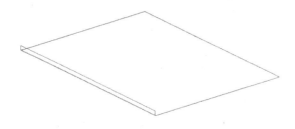

图 11-165 创建弯边特征

5）选择弯边，同时在绘图区显示所创建的弯边预览，如图 11-159 所示。在"弯边"对话框中，设置"宽度选项"为"完整"、"长度"为 9、"角度"为 90、"参考长度"为"外侧"、"内嵌"为"材料内侧"，在"折弯止裂口"和"拐角止裂口"下拉列表中选择"无"。

6）单击 应用 按钮，创建弯边特征 2，如图 11-160 所示。

7）选择弯边，同时在绘图区显示所创建的弯边预览，如图 11-161 所示。在"弯边"对话框中，设置"宽度选项"为"完整"、"长度"为 9、"角度"为 90、"参考长度"为"外侧"、"内嵌"为"材料内侧"，在"折弯止裂口"和"拐角止裂口"下拉列表中选择"无"。

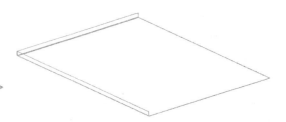

图 11-159 选择弯边 图 11-160 创建弯边特征 2

8）单击 应用 按钮，创建弯边特征 3，如图 11-162 所示。

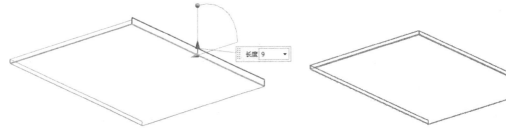

图 11-161 选择弯边 图 11-162 创建弯边特征 3

9）选择弯边，同时在绘图区显示所创建的弯边预览，如图 11-163 所示。在"弯边"对话框中，设置"宽度选项"为"完整"、"长度"为9、"角度"为90、"参考长度"为"外侧"、"内嵌"为"材料内侧"，在"折弯止裂口"和"拐角止裂口"下拉列表中选择"无"。

10）单击 < 确定 > 按钮，创建弯边特征 4，如图 11-164 所示。

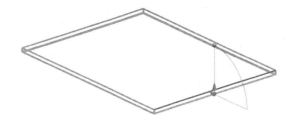

图 11-163 选择弯边 图 11-164 创建弯边特征

5．创建封闭拐角特征

1）选择"菜单(M)"→"插入(S)"→"拐角(O)"→"封闭拐角(C)…"，或者单击"主页"选项卡"拐角"面板上的"封闭拐角"按钮 🔧，打开如图 11-165 所示的"封闭拐角"对话框。

2）设置"处理"为"打开"、"重叠"为"无"、"缝隙"为0。

3）在绘图区选择如图 11-166 所示的两个折弯面。单击 应用 按钮，创建封闭拐角特征 1，如图 11-167 所示。

4）步骤同上，创建其他三个折弯区封闭拐角特征，结果如图 11-168 所示。

图 11-165 "封闭拐角"对话框

图 11-166 选择折弯面

图 11-167 创建封闭拐角特征 1

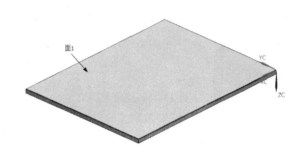

图 11-168 完成封闭拐角特征的创建

6．绘制草图

1）选择"菜单(M)"→"插入(S)"→"草图(S)..."，或者单击"主页"选项卡"构造"面板上的"草图"按钮 ，打开"创建草图"对话框。

2）选择如图 11-168 中的面 1 为草图绘制面，单击 确定 按钮，进入草图绘制环境，绘制如图 11-169 所示的草图。

3）单击"完成"按钮 ，退出草图绘制环境。

7．创建拉伸特征

1）隐藏钣金件，单击"应用模块"选项卡"设计"面板上的"建模"按钮 ，进入建模环境。

2）选择"菜单(M)"→"插入(S)"→"设计特征(E)"→"拉伸(X)..."，或者单击"主页"选项卡"基本"面板上的"拉伸"按钮 ，打开如图 11-170 所示的"拉伸"对话框。

3）在绘图区选择如图 11-169 所示的草图，在"拉伸"对话框中的"指定矢量"下拉列表中选择"ZC 轴"为拉伸方向。

4）在对话框中的起始"距离"文本框中输入-1，终止"距离"文本框中输入 1。

5）单击 < 确定 > 按钮，创建拉伸特征，如图 11-171 所示。

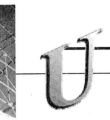
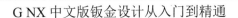
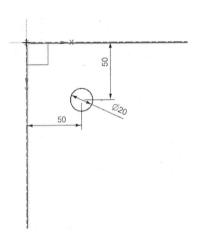

图 11-169 绘制草图

图 11-170 "拉伸"对话框

图 11-171 创建拉伸特征

8．创建拔模特征

1）选择"菜单(<u>M</u>)"→"插入(<u>S</u>)"→"细节特征(<u>L</u>)"→"拔模(<u>T</u>)..."，或者单击"主页"选项卡"基本"面板上的"拔模"按钮 ，打开如图 11-172 所示的"拔模"对话框。

2）选择拉伸体的上表面为固定面，选择拉伸体的侧面为要拔模的面，如图 11-173 所示。

3）在"拔模"对话框中的"指定矢量"下拉列表中选择"ZC 轴"，输入"角度 1"为 60。

4）单击 <u>< 确定 ></u> 按钮，创建拔模特征，如图 11-174 所示。

9．创建实体冲压特征

1）显示钣金件，单击"应用模块"选项卡"设计"面板上的"钣金"按钮 ，进入钣金环境。

2）选择"菜单(<u>M</u>)"→"插入(<u>S</u>)"→"冲孔(<u>H</u>)"→"实体冲压(<u>S</u>)..."，或者单击"主页"选项卡"凸模"面板上"更多"库中的"实体冲压"按钮 ，打开如图 11-175 所示的

"实体冲压"对话框。

图 11-172 "拔模"对话框

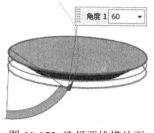

图 11-173 选择要拔模的面

图 11-174 创建拔模特征

图 11-175 "实体冲压"对话框

3）选择"类型"为"冲压"，取消勾选"倒圆边"复选框。选择钣金件的上表面为目标面，选择拉伸体为工具体，选择拉伸体底面为要穿透的面。

4）单击 确定 按钮，创建实体冲压特征，如图 11-176 所示。

10．阵列特征

1）选择"菜单(M)"→"插入(S)"→"关联复制(A)"→"阵列特征(A)…"，或者单击"主页"选项卡"建模"面板上的"阵列特征"按钮，打开如图 11-177 所示的"阵列特征"对话框。

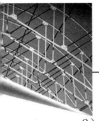

2）在视图或导航器中选取刚创建的实体冲压特征为要阵列的特征。

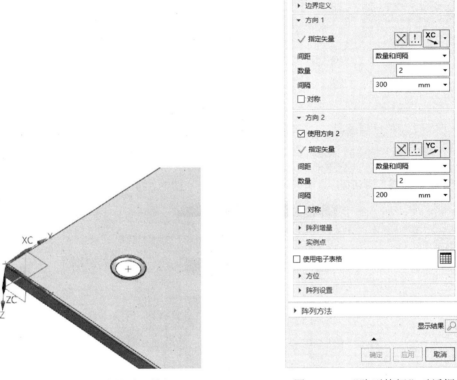

图 11-176 创建实体冲压特征   图 11-177 "阵列特征"对话框

3）选择"线性"布局，指定"方向 1"为"XC 轴"，输入"数量"为 2、"间隔"为 300；勾选"使用方向 2"复选框，指定"方向 2"为"YC 轴"，输入"数量"为 2、"间隔"为 200。单击 确定 按钮，完成阵列操作，结果如图 11-178 所示。

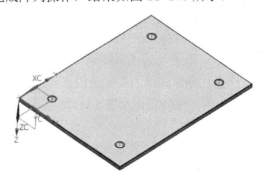

图 11-178 阵列实体冲压特征

11.8 内胆主板

首先利用轮廓弯边命令创建基本钣金件，然后利用弯边命令在钣金件上创建弯边，最后利用凹坑命令和法向开孔命令在钣金件上创建凹坑和法向开孔。创建的内胆主板如图 11-179 所示。

图 11-179 内胆主板

1．新建文件

选择"菜单(M)"→"文件(F)"→"新建(N)…"，或者单击"主页"选项卡"标准"面板上的"新建"按钮，打开"新建"对话框。在"模板"中选择"NX 钣金"，在"名称"文本框中输入"内胆主板"，在"文件夹"文本框中输入保存路径，单击 确定 按钮，进入 UG NX 钣金设计环境。

2．钣金设置首选项

1）选择"菜单(M)"→"首选项(P)"→"钣金(H)…"，打开如图 11-180 所示的"钣金首选项"对话框。

2）在"全局参数"选项组中设置"材料厚度"为 0.3、"折弯半径"为 1、"让位槽深度"和"让位槽宽度"均为 3，在"方法"下拉列表中选择"公式"，在"公式"下拉列表中选择"折弯许用半径"。

3）单击 确定 按钮，完成 NX 钣金参数预设置。

3．创建轮廓弯边特征

1）选择"菜单(M)"→"插入(S)"→"折弯(N)"→"轮廓弯边(C)…"，或者单击"主页"选项卡"基本"面板上"弯边"下拉菜单中的"轮廓弯边"按钮，打开如图 11-181 所示的"轮廓弯边"对话框。

2）设置"宽度选项"为"对称"、"宽度"为 357.6、"折弯止裂口"和"拐角止裂口"均为"无"。

3）在"轮廓弯边"对话框中，设置"类型"为"柱基"，单击"绘制截面"按钮，打开如图 11-182 所示的"创建草图"对话框。

4）选择 XY 平面为草图绘制面，在"创建草图"对话框中单击 确定 按钮，进入草图绘制

环境，绘制如图 11-183 所示的草图。单击"完成"按钮，退出草图绘制环境。

图 11-180 "钣金首选项"对话框　　　　图 11-181 "轮廓弯边"对话框

5）返回到"轮廓弯边"对话框。在绘图区预览所创建的轮廓弯边特征，如图 11-184 所示。

6）在"轮廓弯边"对话框中单击 < 确定 > 按钮，创建轮廓弯边特征，如图 11-185 所示。

图 11-182 "创建草图"对话框

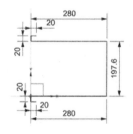

图 11-183 绘制草图

4．创建弯边特征

1）选择"菜单(M)"→"插入(S)"→"折弯(N)"→"弯边(F)..."，或单击"主页"选项卡"基本"面板中的"弯边"按钮，打开如图 11-186 所示的"弯边"对话框。

2）设置"宽度选项"为"完整"、"长度"为 15、"角度"为 90、"参考长度"为"外侧"、"内嵌"为"材料外侧"，在"折弯止裂口"和"拐角止裂口"下拉列表中选择"无"。

3）选择弯边，同时在绘图区显示所创建的弯边预览，如图 11-187 所示。

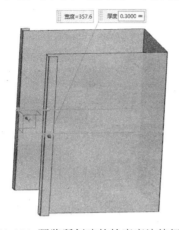

图 11-184 预览所创建的轮廓弯边特征　　　　　图 11-185 创建轮廓弯边特征

4）在"弯边"对话框中单击 应用 按钮，创建弯边特征 1，如图 11-188 所示。

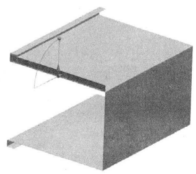

图 11-187 选择弯边

图 11-186 "弯边"对话框

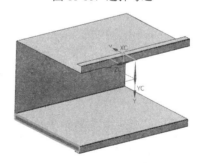

图 11-188 创建弯边特征 1

5）选择弯边，同时在绘图区显示所创建的弯边预览，如图 11-189 所示。在"弯边"对话框中，设置"宽度选项"为"完整"、"长度"为 15、"角度"为 90、"参考长度"为"外侧"、"内嵌"为"材料外侧"，在"折弯止裂口"和"拐角止裂口"下拉列表中选择"无"。

6）单击 应用 按钮，创建弯边特征 2，如图 11-190 所示。

7）选择弯边，同时在绘图区预览显示所创建的弯边，如图 11-191 所示。在"弯边"对话框中，设置"宽度选项"为"完整"、"长度"为15、"角度"为90、"参考长度"为"外侧"、"内嵌"为"材料外侧"，在"折弯止裂口"和"拐角止裂口"下拉列表中选择"无"。

图 11-189 选择弯边

图 11-190 创建弯边特征 2

8）单击 应用 按钮，创建弯边特征 3，如图 11-192 所示。

9）步骤同上，在另一侧创建 3 个弯边特征，如图 11-193 所示。

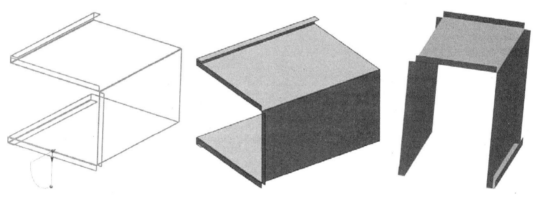

图 11-191 选择弯边　　　　图 11-192 创建弯边特征 3　　　　图 11-193 创建另一侧弯边

5. 创建凹坑特征 1、2、3 和 4

1）选择"菜单(M)"→"插入(S)"→"冲孔(H)"→"凹坑(D)..."，或者单击"主页"选项卡"凸模"面板上的"凹坑"按钮 ，打开如图 11-194 所示的"凹坑"对话框。

2）在"凹坑"对话框中，单击"绘制截面"按钮 ，打开"创建草图"对话框。在绘图区选择如图 11-195 所示的平面为草图绘制面。

3）单击 确定 按钮，进入草图绘制环境，绘制如图 11-196 所示的草图。单击"完成"按钮 ，退出草图绘制环境。

4）在绘图区显示如图 11-197 所示创建的凹坑特征预览。

5）在"凹坑"对话框中，设置"深度"为10、"侧角"为0、"侧壁"为"材料内侧"，取消勾选"倒圆凹坑边"复选框。单击 应用 按钮，创建凹坑特征 1，如图 11-198 所示。

6）步骤同上，设置凹坑之间的间距为32.3，创建其他 3 个凹坑特征，如图 11-199 所示。

图 11-194 "凹坑"对话框

图 11-195 选择草图工作平面

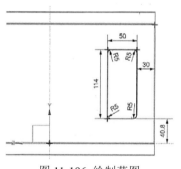

图 11-196 绘制草图

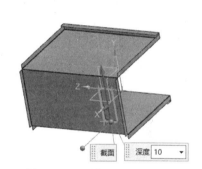

图 11-197 预览所创建的凹坑特征

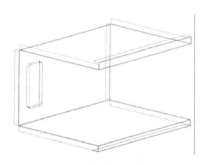

图 11-198 创建凹坑特征 1

图 11-199 创建其他 3 个凹坑特征

6．创建凹坑特征 5

1）选择"菜单(M)"→"插入(S)"→"冲孔(H)"→"凹坑(D)…"，或者单击"主页"选项卡"凸模"面板上的"凹坑"按钮◆，打开"凹坑"对话框。单击"绘制截面"按钮，在绘图区选择如图 11-200 所示的平面为草图绘制面。

2）进入草图绘制环境，绘制如图 11-201 所示的草图。单击"完成"按钮，退出草图绘制环境。

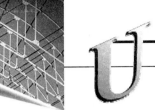
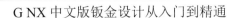

图 11-200 选择草图工作平面

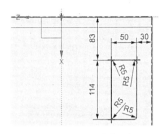

图 11-201 绘制草图

3）绘图区显示如图 11-202 所示所创建是凹坑特征预览。

4）在"凹坑"对话框中设置"深度"为 10、"侧角"为 0、"侧壁"为"材料内侧"，取消勾选"凹坑边倒圆"复选框。单击 < 确定 > 按钮，创建凹坑特征 4，如图 11-203 所示。

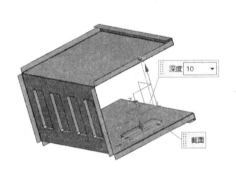

图 11-202 预览所创建的凹坑特征

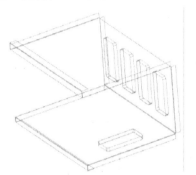

图 11-203 创建凹坑特征 4

7．创建法向开孔特征

1）选择"菜单(M)"→"插入(S)"→"切割(T)"→"法向开孔(N)..."，或者单击"主页"选项卡"基本"面板上的"法向开孔"按钮，打开如图 11-204 所示的"法向开孔"对话框。

2）在"法向开孔"对话框中单击"绘制截面"按钮，打开"创建草图"对话框。在绘图区选择草图绘制面，如图 11-205 所示。

图 11-204 "法向开孔"对话框

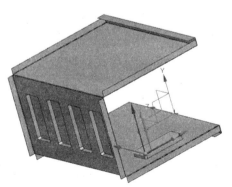

图 11-205 选择草图工作平面

3）单击 确定 按钮，进入草图设计环境，绘制如图 11-206 所示的草图。单击"完成"按钮，退出草图设计环境。

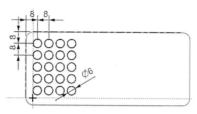

图 11-206 绘制草图

4）预览所创建的法向开孔特征，如图 11-207 所示。

5）在"法向开孔"对话框中，设置"切割方法"为"厚度"、"限制"为"贯通"。单击 <确定> 按钮，创建法向开孔特征，如图 11-208 所示。

图 11-207 预览所创建的法向开孔特征

图 11-208 创建法向开孔特征

11.9 内胆侧板

首先利用突出块命令创建基本钣金件，然后利用弯边命令在钣金件上创建弯边，最后利用凹坑命令在钣金件上创建凹坑。创建的内胆侧板如图 11-209 所示。

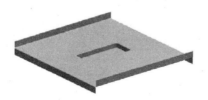

图 11-209 内胆侧板

1. 新建文件

选择"菜单(M)"→"文件(F)"→"新建(N)..."，或者单击"主页"选项卡"标准"面板上的"新建"按钮，打开"新建"对话框。在"模板"中选择"NX 钣金"，在"名称"文本框中输入"内胆侧板"，在"文件夹"文本框中输入保存路径，单击 确定 按钮，进入

UG NX 2011 钣金设计环境。

2．设置钣金首选项

1）选择"菜单(M)"→"首选项(P)"→"钣金(H)..."，打开如图 11-210 所示的"钣金首选项"对话框。

2）在"全局参数"选项组中设置"材料厚度"为 0.3、"折弯半径"为 1、"让位槽深度"和"让位槽宽度"均为 0，在"方法"下拉列表中选择"公式"，在"公式"下拉列表中选择"折弯许用半径"。

3）单击 确定 按钮，完成 NX 钣金参数预设置。

3．创建突出块特征

1）选择"菜单(M)"→"插入(S)"→"突出块(B)..."，或者单击"主页"选项卡"基本"面板上的"突出块"按钮 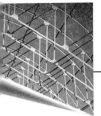，打开如图 11-211 所示的"突出块"对话框。

图 11-210 "钣金首选项"对话框

图 11-211 "突出块"对话框

2）在"突出块"对话框中的"类型"下拉列表中选择"基本"，单击"绘制截面"按钮 ，打开如图 11-212 所示的"创建草图"对话框。

3）选择 XY 平面为草图绘制面，在"创建草图"对话框中单击 确定 按钮，进入草图绘制环境，绘制如图 11-213 所示的草图。单击"完成"按钮 ，退出草图绘制环境。

图 11-212 "创建草图"对话框

图 11-213 绘制草图

4）绘图区显示如图 11-214 所示创建的突出块特征预览。

5）在"突出块"对话框中单击 ＜ 确定 ＞ 按钮，创建突出块特征，如图 11-215 所示。

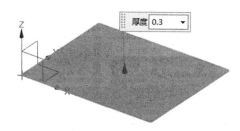

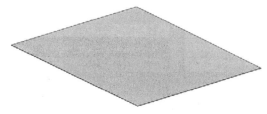

图 11-214 预览所创建的突出块特征　　　　图 11-215 创建突出块特征

4. 创建弯边特征

1）选择"菜单(M)"→"插入(S)"→"折弯(N)"→"弯边(F)..."，或单击"主页"选项卡"基本"面板中的"弯边"按钮 ，打开如图 11-216 所示的"弯边"对话框。

2）在对话框中设置"宽度选项"为"完整"、"长度"为15、"角度"为90、"参考长度"为"外侧"、"内嵌"为"材料外侧"，在"折弯止裂口"和"拐角止裂口"下拉列表中选择"无"。

3）选择弯边，同时在绘图区显示所创建的弯边预览，如图 11-217 所示。

图 11-216 "弯边"对话框　　　　　　　图 11-217 选择弯边

4）在"弯边"对话框中单击 应用 按钮，创建弯边特征 1，如图 11-218 所示。

5）在"弯边"对话框中设置"宽度选项"为"完整"、"长度"为15、"角度"为90、"参考长度"为"外侧"、"内嵌"为"材料外侧"，在"折弯止裂口"和"拐角止裂口"

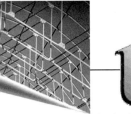

下拉列表中选择"无"。选择弯边，同时在绘图区显示所创建的弯边预览，如图11-219所示。

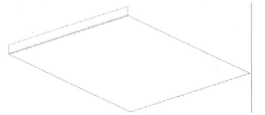

图11-218 创建弯边特征1

6）在"弯边"对话框中单击 应用 按钮，创建弯边特征2，如图11-220所示。

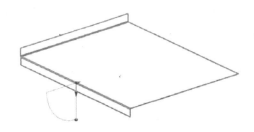
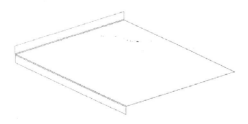

图11-219 选择弯边　　　　　　　　　　　　图11-220 创建弯边特征2

7）在"弯边"对话框中设置"宽度选项"为"完整"、"长度"为15、"角度"为90、"参考长度"为"外侧"、"内嵌"为"材料外侧"，在"折弯止裂口"和"拐角止裂口"下拉列表中选择"无"。选择弯边，同时在绘图区显示所创建的弯边预览，如图11-221所示。

8）在"弯边"对话框中单击 应用 按钮，创建弯边特征3，如图11-222所示。

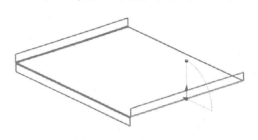
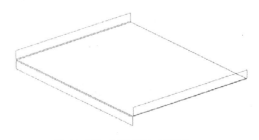

图11-221 选择弯边　　　　　　　　　　　　图11-222 创建弯边特征3

9）在"弯边"对话框中设置"宽度选项"为"完整"、"长度"为15、"角度"为90、"参考长度"为"外侧"、"内嵌"为"材料内侧"，在"折弯止裂口"和"拐角止裂口"下拉列表中选择"无"。选择弯边，同时在绘图区显示所创建的弯边预览，如图11-223所示。

10）在"弯边"对话框中单击 确定 按钮，创建弯边特征4，如图11-224所示。

5．创建凹坑特征

1）选择"菜单(M)"→"插入(S)"→"冲孔(H)"→"凹坑(D)…"，或者单击"主页"选项卡"凸模"面板上的"凹坑"按钮 ◆，打开如图11-225所示的"凹坑"对话框。

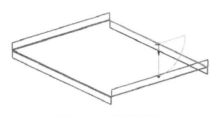

图 11-223 选择弯边

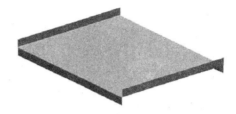

图 11-224 创建弯边特征 4

2）在"凹坑"对话框中单击"绘制截面"按钮 ，打开"创建草图"对话框。在绘图区选择如图 11-226 所示的平面为草图绘制面。

图 11-225 "凹坑"对话框

图 11-226 选择草图工作平面

3）单击 按钮，进入草图绘制环境，绘制如图 11-227 所示的草图。单击"完成"按钮 ，退出草图绘制环境。

4）在绘图区显示如图 11-228 所示创建的凹坑特征预览。

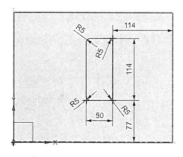

图 11-227 绘制草图

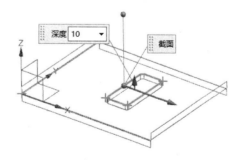

图 11-228 预览所创建的凹坑特征

5）在"凹坑"对话框中，设置"深度"为 10、"侧角"为 0、"侧壁"为"材料内侧"，取消勾选"倒圆凹坑边"复选框。单击 按钮，创建凹坑特征，如图 11-229 所示。

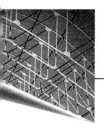

图 11-229 创建凹坑特征

11.10 装配消毒柜组件

首先利用添加组件命令添加消毒柜的各个组件，然后进行装配。装配后的消毒柜如图11-230 所示。

图 11-230 消毒柜装配

1．新建文件

选择"菜单(M)"→"文件(F)"→"新建(N)…"，或者单击"主页"选项卡"标准"面板上的"新建"按钮，打开"新建"对话框，如图 11-231 所示。选择"装配"模板，在"名称"文本框中输入"消毒柜"，在"文件夹"文本框中输入保存路径，单击 确定 按钮，进入UG NX 装配环境。

2．安装箱体顶后板

1）选择"菜单(M)"→"装配(A)"→"组件(C)"→"添加组件(A)…"，或单击"装配"选项卡"基本"面板上的"添加组件"按钮，打开如图 11-232 所示的"添加组件"对话框。

2）勾选"预览窗口"复选框，单击"打开"按钮，打开"部件名"对话框，选择"箱体顶后板.prt"，单击 确定 按钮，加载文件。同时在绘图区打开"组件预览"窗口，如图 11-233 所示。

3）在"添加组件"对话框中，设置"装配位置"为"绝对坐标系-工作部件"，单击 确定 按钮，将箱体顶后板定位于坐标原点，如图 11-234 所示。

3．安装箱体左侧板

1）选择"菜单(M)"→"装配(A)"→"组件(C)"→"添加组件(A)…"或单击"装配"选项卡"基本"面板上的"添加组件"按钮，打开如图 11-235 所示的"添加组件"对话框。

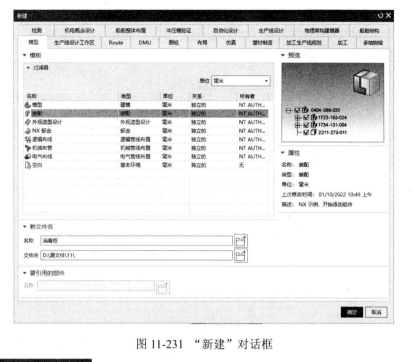

图 11-231 "新建"对话框

图 11-232 "添加组件"对话框

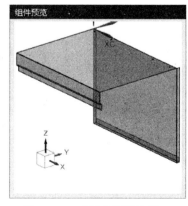

图 11-233 "组件预览"窗口

图 11-234 安装箱体顶后板

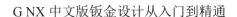

2）单击"打开"按钮 ，打开"部件名"对话框，选择"箱体左侧板.prt"，单击 确定
按钮，加载文件。同时在绘图区打开"组件预览"窗口，如图 11-236 所示。

图 11-235 "添加组件"对话框

图 11-236 "组件预览"窗口

3）在"添加组件"对话框中，设置"放置"为"约束"、"约束类型"为"接触对齐"
类型、"方位"为"接触"，在绘图区选择相配部件和基础部件，如图 11-237 和图 11-238
所示。

图 11-237 选择相配部件

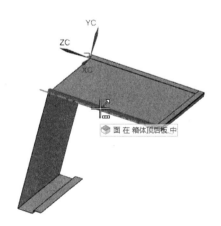

图 11-238 选择基础部件

5）在绘图区选择相配部件和基础部件，如图 11-239 和图 11-240 所示。

6）在绘图区选择相配部件和基础部件，如图 11-241 和图 11-242 所示。

图 11-239 选择相配部件

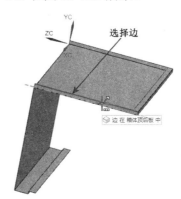

图 11-240 选择基础部件

图 11-241 选择相配部件

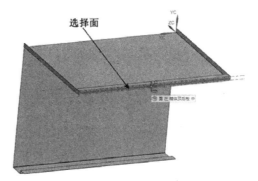

图 11-242 选择基础部件

7）在"添加组件"对话框中单击 确定 按钮，安装箱体左侧板，如图 11-243 所示。

图 11-243 安装箱体左侧板

4．安装箱体右侧板

1）选择"菜单(M)"→"装配(A)"→"组件(C)"→"添加组件(A)…"或单击"装配"选项卡"基本"面板上的"添加组件"按钮 ，打开"添加组件"对话框。单击"打开"按钮 ，打开"部件名"对话框，选择"箱体右侧板.prt"，单击 确定 按钮，加载文件。

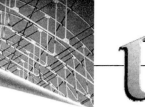

同时在绘图区打开"组件预览"窗口，如图 11-244 所示。

图 11-244 "组件预览"窗口

2）在"添加组件"对话框中，设置"放置"为"约束"，选择"接触对齐"类型，选择"接触"方位。在绘图区选择相配部件和基础部件，如图 11-245 和图 11-246 所示。

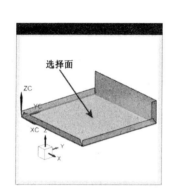

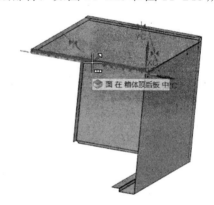

图 11-245 选择相配部件　　　　　　　　图 11-246 选择基础部件

3）在绘图区选择相配部件和基础部件，如图 11-247 和图 11-248 所示。

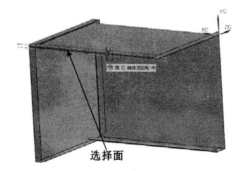

图 11-247 选择相配部件　　　　　　　　图 11-248 选择基础部件

4）在绘图区选择相配部件和基础部件，如图 11-249 和图 11-250 所示。

5）在"添加组件"对话框中单击 确定 按钮，安装箱体右侧板，如图 11-251 所示。

图 11-249 选择相配部件

图 11-250 选择基础部件

5. 安装箱体底壳

1）隐藏箱体左、右侧板，选择"菜单(M)"→"装配(A)"→"组件(C)"→"添加组件(A)…"或单击"装配"选项卡"基本"面板上的"添加组件"按钮，打开"添加组件"对话框。单击"打开"按钮，打开"部件名"对话框，选择"箱体底壳.prt"，单击 确定 按钮，加载文件。同时在绘图区打开"组件预览"窗口，如图 11-252 所示。

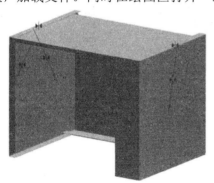

图 11-251 安装箱体右侧板

图 11-252 "组件预览"窗口

2）在"添加组件"对话框中，设置"放置"为"约束"，选择"接触对齐"约束类型，选择"接触"方位。在绘图区选择相配部件和基础部件，如图 11-253 和图 11-254 所示。

图 11-253 选择相配部件

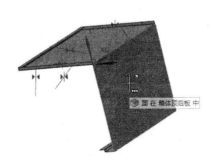

图 11-254 选择基础部件

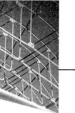

3）在绘图区选择相配部件和基础部件，如图 11-255 和图 11-256 所示。

图 11-255 选择相配部件

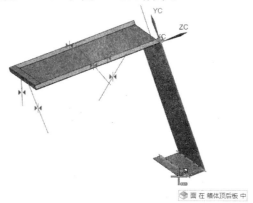

图 11-256 选择基础部件

4）在绘图区选择相配部件和基础部件，如图 11-257 和图 11-258 所示所示。

图 11-257 选择相配部件

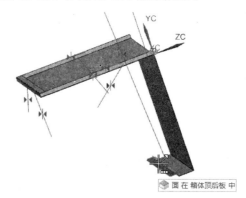

图 11-258 选择基础部件

5）在"添加组件"对话框中单击 确定 按钮，安装箱体底壳，如图 11-259 所示。

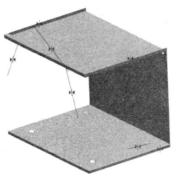

图 11-259 安装箱体底壳

6．安装箱体底板

1）选择"菜单(M)"→"装配(A)"→"组件(C)"→"添加组件(A)..."或单击"装配"选项卡"基本"面板上的"添加组件"按钮 ，打开"添加组件"对话框。单击"打开"按

钮 ⊡，打开"部件名"对话框，选择"箱体底板.prt"，单击 [确定] 按钮，加载文件。同时在绘图区打开"组件预览"窗口，如图 11-260 所示。

2）在"添加组件"对话框中，设置"放置"为"约束"，选择"接触对齐"约束类型，选择"接触"方位，在绘图区选择相配部件和基础部件，如图 11-261 和图 11-262 所示。

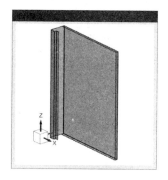

图 11-260 "组件预览"窗口

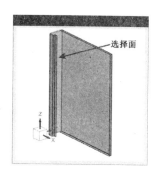

图 11-261 选择相配部件

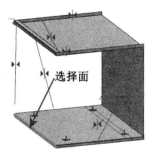

图 11-262 选择基础部件

3）在绘图区选择相配部件和基础部件，如图 11-263 和图 11-264 所示。

图 11-263 选择相配部件

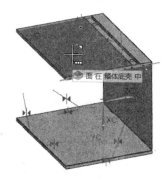

图 11-264 选择基础部件

4）在绘图区选择相配部件和基础部件，如图 11-265 和图 11-266 所示。

5）在"添加组件"对话框中单击 [确定] 按钮，安装箱体底板，如图 11-267 所示。

7. 安装箱体左右加强条

1）显示所有组件，选择"菜单(M)"→"装配(A)"→"组件(C)"→"添加组件(A)…"

或单击"装配"选项卡"基本"面板上的"添加组件"按钮，打开"添加组件"对话框。单击"打开"按钮，打开"部件名"对话框，选择"箱体右加强条.prt"，单击 确定 按钮，加载文件。同时在绘图区打开"组件预览"窗口，如图 11-268 所示。

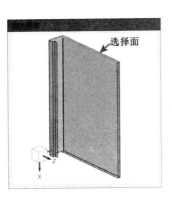

图 11-265 选择相配部件

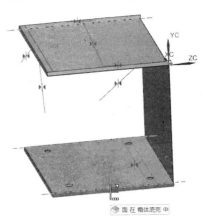

图 11-266 选择基础部件

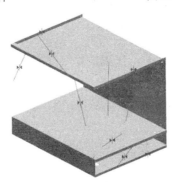

图 11-267 安装箱体底板

2）在"添加组件"对话框中，设置"放置"为"约束"，选择"接触对齐"约束类型，选择"自动判断中心/轴"方位。在绘图区选择相配部件和基础部件，如图 11-269 和图 11-270 所示。

图 11-268 "组件预览"窗口

图 11-269 选择相配部件

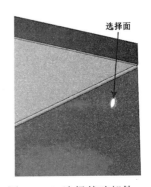

图 11-270 选择基础部件

3）在绘图区选择相配部件和基础部件，如图 11-271 和图 11-272 所示。

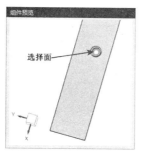

图 11-271 选择相配部件

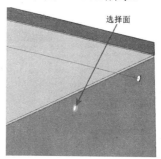

图 11-272 选择基础部件

4）选择"接触"方位。在绘图区选择相配部件和基础部件，如图 11-273 和图 11-274 所示。

5）在"添加组件"对话框中单击 确定 按钮，安装箱体右加强条，如图 11-275 所示。

图 11-273 选择相配部件

图 11-274 选择基础部件

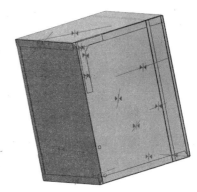

图 11-275 安装箱体右加强条

6）步骤同上，安装箱体左加强条，如图 11-276 所示。

8．安装箱体吊板

1）选择"菜单(M)"→"装配(A)"→"组件(C)"→"添加组件(A)..."或单击"装配"选项卡"基本"面板上的"添加组件"按钮 ，打开"添加组件"对话框。单击"打开"按钮 ，打开"部件名"对话框，选择"箱体吊板.prt"，单击 确定 按钮，加载文件。同时在绘图区打开"组件预览"窗口，如图 11-277 所示。

2）在"添加组件"对话框中，设置"放置"为"约束"，选择"接触对齐"约束类型，选择"接触"方位，在绘图区选择相配部件和基础部件，如图 11-278 和图 11-279 所示。

3）在绘图区选择相配部件和基础部件，如图 11-280 和图 11-281 所示。

4）在"添加组件"对话框中选择"距离"约束类型。在绘图区选择相配部件和基础部件，如图 11-282 和图 11-283 所示。

5）在"添加组件"对话框中的"距离"输入框中输入 50，单击 确定 按钮，安装箱体吊

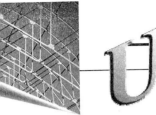

板，如图 11-284 所示。

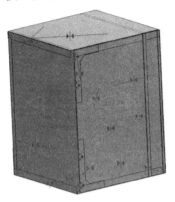

图 11-276 安装左加强条

图 11-277 "组件预览"窗口

图 11-278 选择相配部件

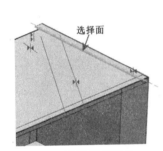

图 11-279 选择基础部件

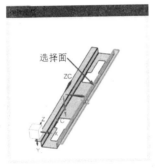

图 11-280 选择相配部件

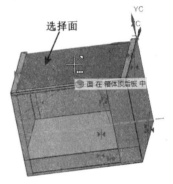

图 11-281 选择基础部件

图 11-282 选择相配部件

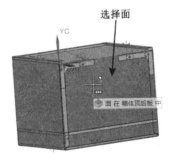

图 11-283 选择基础部件

6）安装吊板，与上一个吊板距离为-50，如图 11-285 所示。

9．安装内胆主板

1）隐藏箱体顶后板、箱体左右加强条和箱体吊板，选择"菜单（M）"→"装配（A）"→"组件（C）"→"添加组件（A）…"或单击"装配"选项卡"基本"面板上的"添加组件"按钮，打开"添加组件"对话框。单击"打开"按钮，打开"部件名"对话框，选择"内胆主板.prt"，单击 确定 按钮，加载文件。同时在绘图区打开"组件预览"窗口，如图 11-286 所示。

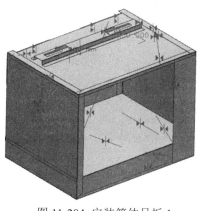

图 11-284 安装箱体吊板 1

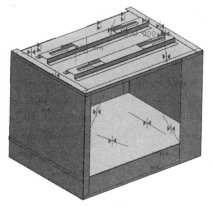

图 11-285 安装箱体吊板 2

2）在"添加组件"对话框中，设置"放置"为"约束"，选择"接触对齐"约束类型，选择"接触"方位。在绘图区选择相配部件和基础部件，如图 11-287 和图 11-288 所示。

图 11-286 "组件预览"对话框

图 11-287 选择相配部件

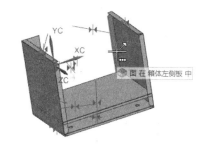

图 11-288 选择基础部件

3）在绘图区选择相配部件和基础部件，如图 11-289 和图 11-290 所示。

4）在绘图区选择相配部件和基础部件，如图 11-291 和图 11-292 所示。

5）显示所有组件，在"添加组件"对话框中单击 确定 按钮，安装内胆主板，如图 11-293 所示。

图 11-289 选择相配部件

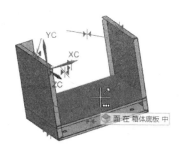

图 11-290 选择基础部件

图 11-291 选择相配部件

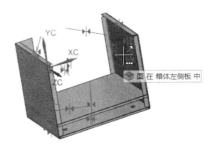

图 11-292 选择基础部件

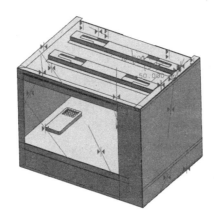

图 11-293 安装内胆主板

10．安装内胆侧板

1）除了内胆主板外，隐藏其他部件，选择"菜单(M)"→"装配(A)"→"组件(C)"→"添加组件(A)…"或单击"装配"选项卡"基本"面板上的"添加组件"按钮，打开"添加组件"对话框。单击"打开"按钮，打开"部件名"对话框，选择"内胆侧板.prt"，单击 确定 按钮，加载文件。同时在绘图区打开"组件预览"窗口，如图 11-294 所示。

2）在"添加组件"对话框中，设置"放置"为"约束"，选择"接触对齐"约束类型，选择"接触"方位，在绘图区选择相配部件和基础部件，如图 11-295 和图 11-296 所示。

图 11-294 "组件预览"窗口

图 11-295 选择相配部件

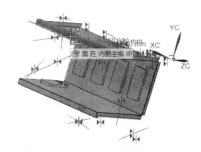

图 11-296 选择基础部件

3）在绘图区选择相配部件和基础部件，如图 11-297 和图 11-298 所示。

图 11-297 选择相配部件

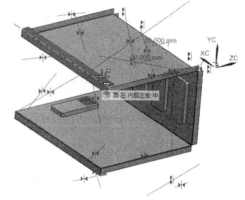

图 11-298 选择基础部件

4）在绘图区选择相配部件和基础部件，如图 11-299 和图 11-300 所示。

5）在"添加组件"对话框中单击 确定 按钮，安装内胆右侧板，如图 11-301 所示。

6）步骤同上，安装内胆左侧板，如图 11-302 所示。

7）显示所有部件，如图 11-303 所示。

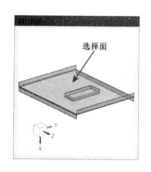

图 11-299 选择相配部件

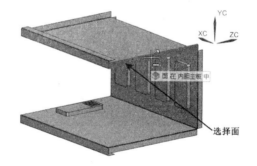

图 11-300 选择基础部件

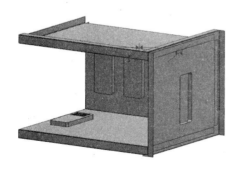

图 11-301 安装内胆右侧板

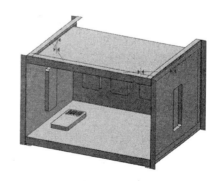

图 11-302 安装内胆左侧板

11. 隐藏装配约束

1）选择"菜单（M）"→"编辑（E）"→"显示和隐藏（H）"→"隐藏（H）…"，打开如图

11-304 所示的"类选择"对话框。

图 11-303 显示所有部件

2）单击"类型过滤器"按钮，打开如图 11-305 所示的"按类型选择"对话框。选择"装配约束"选项，单击 确定 按钮，返回到"类选择"对话框，单击"全选"按钮，单击 确定 按钮，隐藏装配约束。

图 11-304　"类选择"对话框　　　　　　　图 11-305　"按类型选择"对话框